EUL VERLAG

EINZELSCHRIFTEN

Nils Moch
Liquiditätsrisikomanagement in Kreditinstituten – Eine kritische Analyse des Status quo in kleineren Kreditinstituten unter Berücksichtigung regulativer und betriebswirtschaftlicher Anforderungen
Lohmar – Köln 2007 • 186 S. • € 43,- (D) • ISBN 978-3-89936-635-8

Bernd Fleischer
Der Microsoft-Fall in den USA
Lohmar – Köln 2007 • 196 S. • € 44,- (D) • ISBN 978-3-89936-636-5

Marco Jakobi
Aktienrechtliches und übernahmerechtliches Squeeze-out – Ein Vergleich mit der übertragenden Auflösung und der Eingliederung durch Mehrheitsbeschluss
Lohmar – Köln 2008 • 324 S. • € 52,- (D) • ISBN 978-3-89936-642-6

Roland Engelhart
Absatzmarketing in der Immobilienwirtschaft
Lohmar – Köln 2008 • 102 S. • € 33,- (D) • ISBN 978-3-89936-652-5

Jan-Peter Firnges
Performance von Zinsderivaten
Lohmar – Köln 2008 • 194 S. • € 44,- (D) • ISBN 978-3-89936-669-3

Harald F. O. von Kortzfleisch und Oliver Bohl (Hrsg.)
Wissen, Vernetzung, Virtualisierung – Liber amicorum zum 65. Geburtstag von Univ.-Prof. Dr. Udo Winand
Lohmar – Köln 2008 • 594 S. • € 98,- (D) • ISBN 978-3-89936-674-7

Jörn-Axel Meyer (Hrsg.)
Management-Kompetenz in kleinen und mittleren Unternehmen – Jahrbuch der KMU-Forschung und -Praxis 2008
Lohmar – Köln 2008 • 382 S. • € 69,- (D) • ISBN 978-3-89936-680-8

Matthias Korff
Verrechnungspreise für konzerninterne Dienstleistungen aus Sicht Deutschlands und der USA
Lohmar – Köln 2008 • 136 S. • € 38,- (D) • ISBN 978-3-89936-685-3

Dipl.-Kfm. Matthias Korff

Verrechnungspreise für konzerninterne Dienstleistungen aus Sicht Deutschlands und der USA

Mit einem Geleitwort von Prof. Dr. Siegfried Grotherr,
Universität Hamburg

EUL VERLAG

Bibliographische Information der Deutschen Bibliothek

Die Deutsche Bibliothek verzeichnet diese Publikation in der Deutschen Nationalbibliothek; detaillierte bibliographische Daten sind im Internet über <http://dnb.ddb.de> abrufbar.

ISBN 978-3-89936-685-3
1. Auflage März 2008

Printed in Germany
Druck: RSP, Troisdorf

JOSEF EUL VERLAG GmbH
Brandsberg 6
D-53797 Lohmar
Tel.: +49 (0) 22 05 / 90 10 6-6
Fax: +49 (0) 22 05 / 90 10 6-88
http://www.eul-verlag.de
info@eul-verlag.de

Bei der Herstellung unserer Bücher möchten wir die Umwelt schonen. Dieses Buch ist daher auf säurefreiem, 100% chlorfrei gebleichtem, alterungsbeständigem Papier nach DIN 6738 gedruckt.

Geleitwort

Bei der Verrechnungspreisbestimmung für konzerninterne Dienstleistungen kann aufgrund des vielfältigen und durch konzernspezifische Eigenarten geprägten Erscheinungsbildes dieser Lieferungs- und Leistungskategorie häufig nur sehr eingeschränkt auf Fremdvergleichspreise zurückgegriffen werden. Gleichzeitig sind internationale tätige Konzerne dazu angehalten, den häufig divergierenden Verrechnungspreisregelungen verschiedener Staaten gerecht zu werden. Von hoher Bedeutung ist dabei das US-amerikanische Verrechnungspreisregelungswerk, da die US-Bundesfinanzbehörde auf diesem Gebiet als Standardsetter angesehen werden kann.

Vor diesem Hintergrund beleuchtet Matthias Korff in seiner Untersuchung folgende Problembereiche: Zunächst werden die zur Abgrenzung des nicht verrechenbaren Gesellschafteraufwands eingesetzten Konzepte des deutschen und US-amerikanischen Verrechnungspreisregelungswerks einander gegenüber gestellt. Im Anschluss daran wird detailliert untersucht, inwiefern sich aus den unterschiedlichen Umfängen des Gesellschafteraufwands nach deutscher und US-amerikanischer Rechtslage Doppelbesteuerungsprobleme ergeben können. Einen zweiten Schwerpunkt der Analyse bildet die Verrechnung konzerninterner Dienstleistungen der Höhe nach. Hier wird die Eignung des international verfügbaren Methodeninstrumentariums für die Einzelabrechnung von Konzerndienstleistungen eingehend erörtert. Besondere Berücksichtigung finden potentielle Doppelbesteuerungsprobleme, die für den Fall der Methodenanwendung im deutsch-US-amerikanischen Rechtsverhältnis herausgestellt werden.

Die Untersuchung hat insoweit besondere Aktualität, als die von US-amerikanischer Seite mit Wirkung vom 1.1.2007 neu geschaffene Rechtslage zum Anlass genommen wird, Impulse für eine etwaige Überarbeitung der deutschen Verrechnungspreisregelungen zu identifizieren.

Ich wünsche der Arbeit eine gute Verbreitung.

Hamburg, im März 2008 Prof. Dr. Siegfried Grotherr

Vorwort

Ich danke Herrn Prof. Dr. Siegfried Grotherr und Frau Dipl.-Kffr. Christina Kurzewitz für die Anregung und hilfsbereite Unterstützung der vorliegenden Untersuchung.

Herrn Prof. Dr. Siegfried Grotherr danke ich zudem ganz herzlich für das freundliche Geleitwort.

Kritischen Hinweisen und weiterführenden Anregungen sehe ich erwartungsvoll entgegen (matthias_korff@web.de).

Bremen, im März 2008 Matthias Korff

Inhaltsverzeichnis

Abbildungsverzeichnis........XIII

Tabellenverzeichnis........XIII

Abkürzungsverzeichnis........XV

1. Einleitung........1

1.1. Bedeutung konzerninterner Dienstleistungen vor dem Hintergrund der Globalisierung........1

1.2. Problemstellung und Ziel der Arbeit........2

1.3. Gang der Untersuchung........5

2. Verrechnung konzerninterner Dienstleistungen im internationalen Konzern........7

2.1. Begriffsbestimmungen........7
2.1.1. Internationaler Konzern........7
2.1.2. Konzerninterne Dienstleistungen........8
2.1.2.1. Definition........8
2.1.2.2. Abgrenzung von weiteren konzerninternen Leistungskategorien........8
2.1.2.3. Dienstleistungsbegriff im deutschen und US-amerikanischen Steuerrecht........9
2.1.3. Konzernverrechnungspreise........10

2.2. Fremdvergleich als Grundlage der Verrechnungspreisbestimmung........10
2.2.1. Notwendigkeit angemessener Verrechnungspreise........10
2.2.2. Konzeption des Fremdvergleichsgrundsatzes........12
2.2.3. Arten des Fremdvergleichs........12
2.2.3.1. Tatsächlicher Fremdvergleich........12
2.2.3.2. Hypothetischer Fremdvergleich........13

2.3. Verrechnungspreismethoden für konzerninterne Dienstleistungen........14
2.3.1. Services Cost Method (SCM)........15
2.3.2. Geschäftsfallbezogene Standardmethoden........17
2.3.2.1. Preisvergleichsmethode (CUSP)........17
2.3.2.2. Wiederverkaufspreismethode (GSMM)........17
2.3.2.3. Kostenaufschlagsmethode (CSPM)........18
2.3.3. Gewinnbezogene Verrechnungspreismethoden........19
2.3.3.1. Gewinnvergleichsmethode (CPM)........19
2.3.3.2. Transaktionsbezogene Nettomargenmethode (TNMM)........20
2.3.3.3. Gewinnaufteilungsmethode (PSM)........21
2.3.4. Zusammenfassende Übersicht........23

2.4. Ausgewählte Verrechnungspreisvorschriften Deutschlands und der USA........25
2.4.1. Anerkannte Verrechnungspreismethoden und deren Rangfolge........25

2.4.2. Bandbreite fremdvergleichskonformer Verrechnungspreise 27
2.4.3. Zusammenfassende Übersicht 29

3. Verrechnung konzerninterner Dienstleistungen dem Grunde nach aus Sicht Deutschlands und der USA 31

3.1. Übersicht 31

3.2. Verrechenbare und nicht verrechenbare Dienstleistungen 33
3.2.1. Abgrenzungskriterien 33
3.2.1.1. Betriebliche Veranlassung in Deutschland 33
3.2.1.2. Benefit Test in den USA 34
3.2.1.3. Beurteilung der Abgrenzungskriterien unter besonderer Berücksichtigung möglicher Doppelbesteuerungsrisiken 36
3.2.2. Nicht verrechenbare Dienstleistungen 41
3.2.2.1. Übersicht 41
3.2.2.2. Gesellschafteraufwand nach deutschem und US-amerikanischem Verständnis 43
3.2.2.3. Untersuchung der aus Sicht Deutschlands und der USA divergierenden Auslegung des Gesellschafteraufwands unter besonderer Berücksichtigung möglicher Doppelbesteuerungsrisiken 45
3.2.3. Verrechenbare Dienstleistungen 51
3.2.3.1. Beispiele 51
3.2.3.2. Verrechenbarkeit und Verrechnungspflicht 53

3.3. Mischleistungen 54

3.4. Sonderfälle 55
3.4.1. Leistungsbereitschaft auf Abruf 55
3.4.2. Koordinationsleistungen 56

3.5. Zwischenergebnis 58

4. Verrechung konzerninterner Dienstleistungen der Höhe nach aus Sicht Deutschlands und der USA 61

4.1. Formen der Dienstleistungsverrechnung 61

4.2. Abgrenzung von Einzelabrechnung, Konzernumlage und Kostenumlage 62

4.3. Einzelabrechnung konzerninterner Dienstleistungen ohne Gewinnaufschlag (Anwendung der SCM) 64

4.4. Einzelabrechnung konzerninterner Dienstleistungen auf Basis transaktionsbezogener Standardmethoden 65
4.4.1. Anwendung der CUSP 65
4.4.1.1. Theoretische Eignung der CUSP für konzerninterne Dienstleistungen 65
4.4.1.2. Anwendung der CUSP aus Sicht Deutschlands und der USA unter besonderer Berücksichtigung möglicher Doppelbesteuerungsrisiken 68

4.4.2. Anwendung der GSMM 69
4.4.2.1. Theoretische Eignung der GSMM für konzerninterne Dienstleistungen 69
4.4.2.2. Anwendung der GSMM aus Sicht Deutschlands und der USA unter besonderer Berücksichtigung möglicher Doppelbesteuerungsrisiken 70
4.4.3. Anwendung der CSPM 72
4.4.3.1. Fehlende Marktgängigkeit und Marktfähigkeit konzerninterner Dienstleistungen als Anwendungsvoraussetzung der CSPM 72
4.4.3.2. Theoretische Eignung der CSPM für konzerninterne Dienstleistungen bei Nicht-Anwendbarkeit der CUSP und der GSMM 72
4.4.3.3. Anwendung der CSPM aus Sicht Deutschlands und der USA unter besonderer Berücksichtigung möglicher Doppelbesteuerungsrisiken 75

4.5. Einzelabrechnung konzerninterner Dienstleistungen auf Basis gewinnbezogener Verrechnungspreismethoden 77
4.5.1. Prüfung des Einsatzes gewinnbezogener Verrechnungspreismethoden bei hochwertigen Konzerndienstleistungen 77
4.5.2. Nicht gegebene Anwendbarkeit der TNMM für hochwertige Konzerndienstleistungen 77
4.5.3. Anwendung der CPM 79
4.5.3.1. Theoretische Eignung der CPM für hochwertige Konzerndienstleistungen 79
4.5.3.2. Anwendung der CPM aus Sicht Deutschlands und der USA unter besonderer Berücksichtigung möglicher Doppelbesteuerungsrisiken 80
4.5.4. Anwendung der PSM 82
4.5.4.1. Theoretische Eignung der PSM für hochwertige Konzerndienstleistungen 82
4.5.4.2. Anwendung der PSM aus Sicht Deutschlands und der USA unter besonderer Berücksichtigung möglicher Doppelbesteuerungsrisiken 84
4.5.4.3. Rechtliche Ausgestaltung von Profit Split-Vereinbarungen 86

4.6. Zwischenergebnis 87

5. Schlussbetrachtung 91

Anhang 95

Literaturverzeichnis 101

Abbildungsverzeichnis

Abbildung 1: Übereinstimmungen und Abweichungen bei der Beurteilung von Gesellschaftertätigkeiten aus Sicht Deutschlands und der USA 58

Abbildung 2: Anzuwendende Verrechnungspreismethode in Abhängigkeit der Systematisierung einer zu verrechnenden Konzerndienstleistung.... 88

Tabellenverzeichnis

Tabelle 1: Verrechnungspreismethoden für konzerninterne Dienstleistungen 24

Tabelle 2: Ausgewählte Verrechnungsvorschriften Deutschlands und der USA............. 30

Tabelle 3: Überblick über mögliche Qualifikationskonflikte bei der Dienstleistungsverrechnung dem Grunde nach aus Sicht Deutschlands und der USA 38

Tabelle 4: Gesellschafteraufwand aus Sicht Deutschlands und der USA 44

Tabelle 5: Verrechnung von Koordinationsleistungen dem Grunde nach 57

Abkürzungsverzeichnis

a. A.	anderer Ansicht
Abs.	Absatz
abzgl.	Abzüglich
a. F.	alte Fassung
AktG	Aktiengesetz
Anm.	Anmerkung
APA(s)	Advance Pricing Agreement(s)
Art.	Artikel
AStG	Gesetz über die Besteuerung bei Auslandsbeziehungen (Außensteuergesetz)
Aufl.	Auflage
BB	Betriebs-Berater (Zeitschrift)
BC	Bilanzbuchhalter und Controller (Zeitschrift)
Bd.	Band
BFH	Bundesfinanzhof
BFH/NV	Sammlung aller nicht amtlich veröffentlichten Entscheidungen des Bundesfinanzhofs (Zeitschrift)
BGBl.	Bundesgesetzblatt
BIFD	Bulletin for International Fiscal Documentation (Zeitschrift)
BMF	Bundesministerium der Finanzen
bspw.	beispielsweise
Buchst.	Buchstabe
bzw.	beziehungsweise
BStBl.	Bundessteuerblatt
BT-Drs.	Bundestags-Drucksache
ca.	circa
CBTM	Corporate Business Taxation Monthly (Zeitschrift)
CPM	Comparable Profits Method
CSPM	Cost of Services Plus Method
CUSP	Comparable Uncontrolled Services Price Method
DB	Der Betrieb (Zeitschrift)
DBA-USA	Abkommen zwischen der Bundesrepublik Deutschland und den Vereinigten Staaten von Amerika zur Vermeidung der Doppelbesteuerung und zur Verhinderung der Steuerverkürzung auf dem Gebiet der Steuern vom Einkommen und vom Vermögen und einiger anderer Steuern
d. h.	das heißt
Diss.	Dissertation
DStR	Deutsches Steuerrecht (Zeitschrift)
ebd.	ebenda
EDV	Elektronische Datenverarbeitung
EFG	Entscheidungen der Finanzgerichte (Zeitschrift)
einschl.	einschließlich
EStG	Einkommensteuergesetz
EU	Europäische Union
etc.	et cetera
f.	folgende (Seite)
FA	FinanzArchiv (Zeitschrift)
ff.	folgende (Seiten)
FG	Finanzgericht
Fn.	Fußnote

FR	Finanz-Rundschau (Zeitschrift)
FS	Festschrift
gem.	gemäß
ggf.	gegebenenfalls
GS	Gedächtnisschrift
GSMM	Gross Services Margin Method
h. M.	herrschende Meinung
hrsg.	herausgegeben
Hrsg.	Herausgeber
i. d. R.	in der Regel
IRC	Internal Revenue Code
IRS	Internal Revenue Service
i. S.	im Sinne
IStR	Internationales Steuerrecht (Zeitschrift)
ITPJ	International Transfer Pricing Journal (Zeitschrift)
i. V. m.	in Verbindung mit
IWB	Internationale Wirtschaftsbriefe (Zeitschrift)
JbFSt	Jahrbuch der Fachanwälte für Steuerrecht
JIBS	Journal of International Business Studies (Zeitschrift)
JIT	Journal of International Taxation (Zeitschrift)
JSM	Journal of Services Marketing (Zeitschrift)
JTPF	Joint Transfer Pricing Forum
KOM	Mitteilung der Kommission
Kza.	Kennzahl
MA	Musterabkommen
m. a. W.	mit anderen Worten
n. F.	neue Fassung
No.	number
OECD	Organisation for Economic Co-Operation and Development
OECD-MA	Muster eines Abkommens zur Vermeidung der Doppelbesteuerung auf dem Gebiet der Steuern vom Einkommen und Vermögen
o. V.	ohne Verfasser
PIStB	Praxis Internationale Steuerberatung (Zeitschrift)
PR	Public Relations
PSM	Profit Split Method
REG/Reg.	Regulation(s)
RIW	Recht der Internationalen Wirtschaft (Zeitschrift)
Rn.	Randnummer
Rz.	Randziffer
S.	Seite
SCM	Services Cost Method
Sec.	Section
SEC	Securities and Exchange Commission
SOX	Sarbanes-Oxley Act
sog.	so genannte, so genannter
StbJb	Steuerberater-Jahrbuch
StBp	Steuerliche Betriebsprüfung (Zeitschrift)
StuW	Steuer und Wirtschaft (Zeitschrift)
TAM	Technical Advice Memorandum
T. D.	Department of the Treasury
Temp.	Temporary

TMTR	Tax Management Transfer Pricing Report (Zeitschrift)
TNI	Tax Notes International (Zeitschrift)
TNMM	Transactional Net Margin Method
TPIR	Tax Planning International Review (Zeitschrift)
TPTP	Tax Planning International Transfer Pricing (Zeitschrift)
Tz.	Textziffer
UNCTAD	United Nations Conference on Trade and Development
UntStRefG	Unternehmensteuerreformgesetz
US (A)	United States (of America)
u. a.	unter anderem, und andere
vgl.	vergleiche
VGr	Verwaltungsgrundsätze für die Prüfung der Einkunftsabgrenzung bei international tätigen Unternehmen (Verwaltungsgrundsätze)
VGrUml	Grundsätze für die Prüfung der Einkunftsabgrenzung durch Umlageverträge zwischen international verbundenen Unternehmen
VG-Verfahren	Grundsätze für die Prüfung der Einkunftsabgrenzung zwischen nahe stehenden Personen mit grenzüberschreitenden Geschäftsbeziehungen in Bezug auf Ermittlungs- und Mitwirkungspflichten, Berichtigungen sowie auf Verständigungs- und EU-Schiedsverfahren (Verwaltungsgrundsätze-Verfahren)
Vol.	volume
WPg	Die Wirtschaftsprüfung (Zeitschrift)
z. B.	zum Beispiel
ZfbF	Schmalenbachs Zeitschrift für betriebswirtschaftliche Forschung (Zeitschrift)
ZfhF	Zeitschrift für handelswissenschaftliche Forschung (Zeitschrift)

1. Einleitung

1.1. Bedeutung konzerninterner Dienstleistungen vor dem Hintergrund der Globalisierung

Zu Beginn des 21. Jahrhunderts wird das Erscheinungsbild der Weltwirtschaft durch eine zunehmend dynamische Entwicklung geprägt, welche in der wirtschaftswissenschaftlichen Literatur unter dem Begriff der „Globalisierung" diskutiert wird. Bedingt durch technologische Fortschritte vor allem im Informations-, Kommunikations- und Transportsektor, politische Liberalisierung und Deregulierung sowie eine Intensivierung des Wettbewerbs, kann als vorrangiges Merkmal der Globalisierung die Integration nationaler Einzelmärkte zu einem ganzheitlichen Weltmarkt identifiziert werden.[1] Den in diesem wirtschaftlichen Umfeld agierenden Marktakteuren bieten sich vielfältige Möglichkeiten, für einzelne Elemente der Wertschöpfungskette die weltweit günstigsten Standortfaktoren auszuwählen und somit einerseits ihre Produktionsprozesse zu optimieren und andererseits Absatzsteigerungen zu erreichen.[2] Eine Möglichkeit besteht dabei in der Errichtung ausländischer Tochtergesellschaften, was sowohl durch Neugründung als auch durch Unternehmensübernahmen und Fusionen geschehen kann. Als Resultat dieser Entwicklung entstehen vermehrt international verbundene Unternehmungen, die ihre wirtschaftliche Aktivität grenzüberschreitend entfalten und mithin als „Inbegriff"[3] der Globalisierung angesehen werden können. So ist die Anzahl von Muttergesellschaften (bzw. ausländischer Tochtergesellschaften) weltweit von ca. 39.000 (bzw. ca. 250.000) im Jahr 1995 auf ca. 70.000 (bzw. ca. 690.000) im Jahr 2005 gestiegen.[4]

Derartige Unternehmensverbindungen sind allerdings häufig nicht allein auf den Aspekt des strategischen bzw. gesellschaftsrechtlichen Zusammenschlusses reduziert. Vielmehr unterhalten einzelne Konzernunternehmen untereinander geschäftliche Lieferungs- und Leistungsbeziehungen, die sie wie klassische Markttransaktionen mit Hilfe von (Konzern-)Verrechnungspreisen abrechnen. Für den Anteil konzerninterner Verrechnungspreistransaktionen am gesamten Welthandel finden sich in der Literatur zwar unterschiedliche Angaben, jedoch kann ein Wert von über 50 % als sicher angenommen werden.[5] Vor diesem Hintergrund kann dem

---

1 Vgl. CLEMENT/TERLAU, in: MEIER/ROEHR (2004), S. 35; ORGANISATION FOR ECONOMIC CO-OPERATION AND DEVELOPMENT (OECD) (1996), S. 10.

2 Vgl. KOCH (2000), S. 68.

3 Vgl. EDEN/LENWAY, JIBS 2001, S. 383.

4 Für 1995 siehe UNITED NATIONS CONFERENCE ON TRADE AND DEVELOPMENT (UNCTAD) (1995), S. 8 f. Für 2005 siehe UNCTAD (2005), S. 264 ff.

5 Vgl. BORSTELL/HILLRINGHAUS, IStR 1998, S. 205; HERZIG, WPg 1998, S. 285; NEIGHBOUR, OECD Observer 2002, No. 230, S. 29; WALDENS/KÖPLIN, PIStB 2006, S. 159; WEHNERT, IStR 2007, S. 558.

konzerninternen Dienstleistungsaustausch ein hoher Stellenwert beigemessen werden, da die Herausbildung der sog. Dienstleistungsgesellschaft mit dem Globalisierungsprozess interdependent verknüpft ist.[6]

1.2. Problemstellung und Ziel der Arbeit

Bestehen zwischen Konzernunternehmen geschäftliche Beziehungen, so sind die angesetzten Verrechnungspreise aus zwei Sichtweisen zu würdigen. Wirtschaftlich gesehen bilden die verbundenen Unternehmen eine Einheit und verfolgen als Konzern übergeordnete betriebswirtschaftliche Ziele. Das Steuerrecht dagegen ignoriert die wirtschaftliche Einheit des Konzerns und sieht als Steuersubjekte die einzelnen Gliedunternehmen. Aus diesem „[...] Grundproblem der internationalen Konzernbesteuerung [...]“[7] eröffnen sich international tätigen Konzernen vielfältige Gestaltungsmöglichkeiten. Während sich zwischen unabhängigen Marktteilnehmern das für eine Transaktion anzusetzende Entgelt aus dem ökonomischen Mechanismus von Angebot und Nachfrage ergibt, bestehen für verbundene Unternehmen aufgrund des fehlenden natürlichen Interessengegensatzes Spielräume bei der Preisgestaltung.[8] Dies erscheint vor allem in Anbetracht des internationalen Steuergefälles attraktiv. So können verbundene Unternehmen unter dem Oberziel der Gewinnmaximierung über den Gesamtkonzern eine Steuerminimierung verfolgen, in dem sie z. B. durch eine zweckorientierte Verrechnungspreisgestaltung Gewinne in Staaten mit einer niedrigen Steuerbelastung verlagern.

Vor diesem Hintergrund ist es Aufgabe der Finanzverwaltungen, die meist betriebswirtschaftlich motivierte Verrechnungspreisgestaltung der internationalen Konzerne auf ihre steuerliche Angemessenheit zu überprüfen. Dabei bedient sich das Steuerrecht des international anerkannten Fremdvergleichsgrundsatzes, wonach die Preisbildung für konzerninterne Geschäftstransaktionen genau so zu erfolgen hat, wie fremde Dritte bei vergleichbaren Geschäftsbeziehungen unter vergleichbaren Bedingungen verfahren bzw. verfahren würden.[9] Zur Ausgestaltung des Fremdvergleichsgrundsatzes existieren im internationalen Steuerrecht verschiedene Verrechnungspreismethoden. Für die Weiterbelastung einer dem Grunde nach verrechenbaren Transaktion ist die jeweils am besten geeignete Methode auszuwählen, um mit deren Hilfe einen angemessenen und damit von den Finanzverwaltungen anzuerkennenden Verrechnungspreis festlegen zu können.

---

6 Vgl. MANGOLD, in: MANGOLD (2000), S. 29.
7 KLEIN, BB 1995, S. 225.
8 Vgl. FROTSCHER (2005), Rz. 550 f.; SCHMIDT/SIGLOCH/HENSELMANN (2005), S. 334.
9 Vgl. OECD (2001), Tz. 1.3.

Bei der Verrechnungspreisbestimmung für konzerninterne Dienstleistungen ergeben sich im Vergleich zu anderen Leistungskategorien besondere Schwierigkeiten.[10] Diese resultieren aus der Tatsache, dass Konzerndienstleistungen aufgrund ihrer häufig individuellen Erscheinungsart wesentlich schwieriger zu erfassen sind und eine möglichst exakte Sachverhaltsbeurteilung dadurch erschwert wird.[11] Hinsichtlich der Frage, ob für eine konkret erbrachte Dienstleistung überhaupt ein Verrechnungspreis anzusetzen ist (Verrechnung dem Grunde nach), sind die im Interesse der Konzernobergesellschaft liegenden nicht verrechenbaren Dienstleistungserbringungen von den betrieblich bedingten Leistungsausführungen auf schuldrechtlicher Basis abzugrenzen. Für eine dem Grunde nach verrechenbare Dienstleistung ist anschließend ein Wertansatz zu ermitteln, der den Fremdvergleichsanforderungen gerecht wird (Verrechnung der Höhe nach). Dies kann sich in der Praxis ebenfalls als problematisch erweisen, da Dienstleistungen häufig auf die individuellen Verhältnisse eines Konzerns zugeschnitten sind, so dass für die zu beurteilenden Leistungen kaum Fremdvergleichsdaten vorliegen.

Ein weiteres Problem liegt bei grenzüberschreitenden Lieferungs- und Leistungsbeziehungen in der Gefahr wirtschaftlicher Doppelbesteuerungen. Ursächlich hierfür ist das völkerrechtliche Souveränitätsprinzip, welches einzelnen Staaten eine autonome Ausgestaltung ihrer nationalen Steuersysteme garantiert.[12] Im Falle eines innerkonzernlichen Leistungsaustausches, bei dem zwei oder mehrere Steuerhoheiten tangiert werden, muss der angesetzte Verrechnungspreis mit den Vorschriften aller betroffenen Staaten in Einklang stehen. Andernfalls besteht das Risiko einer Verrechnungspreiskorrektur durch eine der beteiligten Finanzverwaltungen, die sich bei fehlender korrespondierender Gegenberichtigung zu einer wirtschaftlichen Doppelbesteuerung auswirken kann.

Die aufgezeigten Problembereiche einer angemessenen Verrechnungspreisbestimmung für konzerninterne Dienstleistungen betreffen sowohl Steuerpflichtige als auch Finanzverwaltungen. Jedoch obliegt es dem gewissenhaften Kaufmann, mit Hilfe einer möglichst genauen Beurteilung einer konkret zu verrechnenden Dienstleistung den Auffassungen der beteiligten Finanzbehörden zu entsprechen, und damit latenten Doppelbesteuerungsrisiken vorzubeugen. Daher ist es Ziel der vorliegenden Analyse, Steuerpflichtigen einen detaillierten Überblick über die Problemfelder der Verrechnungspreisbestimmung für konzerninterne Dienstleistungen sowohl bei der Verrechnung dem Grunde nach als auch der Verrechnung der Höhe nach

[10] Vgl. STOCK/KAMINSKI, IStR 1997, S. 449; OECD (2001), Tz. 7.5.
[11] Vgl. ENGLER, in: VÖGELE/BORSTELL/ENGLER (2004), Kapitel O, Rn. 1.
[12] Siehe hierzu näher BÜHLER (1964), S. 130 ff.; WEBER-FAS, RIW 1979, S. 585 ff.

zu verschaffen. Im Einzelnen wird daher beabsichtigt, einerseits die Gruppe der nicht verrechenbaren Dienstleistungen von der Gruppe der verrechenbaren Dienstleistungen klar unterscheiden zu können. Ein zweites Ziel wird dadurch erreicht, dass konkreten Dienstleistungen die jeweils am besten geeignete der verfügbaren Verrechnungspreismethoden zugewiesen werden kann. Zu diesem Zweck wird neben den inhaltlichen Ausführungen eine Checkliste in Form eines Fragenkatalogs entworfen, mit dessen Hilfe die Identifizierung der im Einzelfall auszuwählenden Verrechnungspreismethode erleichtert werden soll.

Zur Würdigung der Doppelbesteuerungsproblematik ist zudem angestrebt, die vorstehenden Aspekte unter Berücksichtigung der Verrechnungspreisvorschriften Deutschlands und der USA zu analysieren. Während die Berücksichtigung Deutschlands aus Sicht eines inländischen Steuerpflichtigen naturgemäß von Interesse ist, kann die Auswahl der USA folgenderweise begründet werden: Die US-amerikanische Bundesfinanzbehörde, der Internal Revenue Service (IRS), nimmt auf dem Gebiet des internationalen Steuerrechts die Position des führenden Standardsetters ein und ist damit auch in der internationalen Verrechnungspreislehre dogmatisch führend.[13] In dieser Funktion hat der IRS (zusammen mit dem US-Bundesfinanzministerium) am 31.7.2006 eine neue Steuerrichtlinie betreffend die Verrechnungspreisbestimmung für konzerninterne Dienstleistungen[14] veröffentlicht, welche für Besteuerungszeiträume beginnend nach dem 31.12.2006 verbindlich anzuwenden ist.[15] Dieser, zur Einkünftekorrekturnorm Sec. 482 des US-Bundessteuergesetzes (IRC) ergangenen Richtlinie, ist eine hohe Bedeutung beizumessen, da sie im Gegensatz zu den deutschen Steuerrichtlinien Gesetzescharakter aufweist.[16] Steuerpflichtige, die konzerninterne Dienstleistungsbeziehungen in die USA unterhalten, haben sich auf die neue Rechtslage einzustellen. Die Identifizierung von Besteuerungsrisiken im Verhältnis zu den deutschen Regelungen kann sich dabei als hilfreich erweisen. Daneben ist zu hinterfragen, inwieweit der IRS mit der aktuellen US-Verrechnungspreisrichtlinie für Konzerndienstleistungen ein Impulsgeber für die deutsche Finanzverwaltung sein kann.

---

13 Vgl. BECKER, BIFD 1996, S. 535. Siehe hierzu auch Becker, in: VOGEL (1985), S. 171. Dabei ist der IRS als „Gegenpart" zur OECD anzusehen, welche vor allem auf europäischer Ebene als Vorgabeinstanz fungiert. Vgl. KAMINSKI (2001), S. 97.

14 Temp. Reg. § 1.482-9T, abgedruckt in: TMTR 2006, Vol. 15, No. 7, S. 240 ff. Die Richtlinie ist vorläufiger Natur und wird daher mit dem Zusatz „Temp." (Temporary) gekennzeichnet. Vorläufige Richtlinien werden zum Zwecke einer zeitlich vorgezogenen Regelungsklarstellung erlassen. Die Umwandlung in endgültige Richtlinien (Treasury Regulations) erfolgt nach unbestimmter Zeit. Temp. Reg. § 1.482-9T stellt die Fortführung der im Oktober 2003 veröffentlichten Proposed Regulations dar.

15 Vgl. Temp. Reg. § 1.482-9T (n) (1).

16 Vgl. THIELE (1998), S. 28.

1.3. Gang der Untersuchung

Die für die vorliegende Arbeit wesentlichen Grundlagen werden in *Kapitel 2* gelegt. Aufgrund der Notwendigkeit einer steuerlich angemessenen Verrechnungspreisgestaltung wird zunächst auf den hierfür zu beachtenden Fremdvergleichsgrundsatz eingegangen. Anschließend wird dessen praktische Umsetzung durch die in Deutschland und den USA zur Verfügung stehenden Verrechnungspreismethoden für Dienstleistungen dargestellt. Zur Vervollständigung des rechtlichen Rahmens werden zum Abschluss dieses Kapitels ausgewählte Verrechnungspreisvorschriften beider Staaten vorgestellt.

Die Dienstleistungsverrechnung dem Grunde nach ist Gegenstand des *dritten Kapitels*. Zur Unterscheidung in verrechenbare und nicht verrechenbare Dienstleistungen werden die dazu maßgeblichen Abgrenzungskriterien der beiden Staaten dargelegt und auf mögliche Qualifikationskonflikte untersucht. Danach wird der zwischen Deutschland und den USA abweichende Umfang der nicht verrechenbaren Dienstleistungen analysiert. Die Darstellung der verrechenbaren Dienstleistungen wird im Weiteren mit Hilfe eines umfassenden Beispielkatalogs unternommen. Daneben wird exemplarisch erörtert, welche Ergebnisse die Abgrenzungskriterien bei nicht eindeutig zu beurteilenden Sachverhalten, sog. Mischleistungen und Sonderfällen, hervorbringen.

In *Kapitel 4* wird die Darstellung der Dienstleistungsverrechnung der Höhe nach vorgenommen. Dazu werden zunächst die verfügbaren Verrechnungsformen voneinander abgegrenzt. Im Anschluss daran wird für den Bereich der Einzelabrechnung die theoretische Eignung der verfügbaren Verrechnungspreismethoden im Hinblick auf konzerninterne Dienstleistungen untersucht. Diese theoretischen Überlegungen werden sodann auf ihre Vereinbarkeit mit den deutschen und US-amerikanischen Verrechnungspreisvorschriften überprüft. Dabei wird die Identifizierung möglicher Qualifikationskonflikte und daraus resultierender Doppelbesteuerungsrisiken besonders berücksichtigt.

2. Verrechnung konzerninterner Dienstleistungen im internationalen Konzern

2.1. Begriffsbestimmungen

2.1.1. Internationaler Konzern

Wesentliches Merkmal eines internationalen Unternehmens ist die grenzüberschreitende wirtschaftliche Tätigkeit. Dabei ist allerdings zu betonen, dass diese nicht allein durch grenzüberschreitende Exportgeschäfte[17] entfaltet wird. Zur Begründung einer internationalen Unternehmung bedarf es vielmehr einzelner nationaler Teileinheiten, welche in mindestens zwei verschiedenen Staaten domizilieren und sich aktiv am Wirtschaftsprozess ihrer Sitzstaaten beteiligen.[18]

Als mögliche Gestaltungsalternativen der organisatorischen Struktur international tätiger Unternehmen stehen die Formen der internationalen Einheitsunternehmung (Stammhaus und Betriebsstätte) oder des internationalen Konzerns zur Verfügung, wobei die zuletzt genannte Variante als praktischer Regelfall der internationalen Unternehmung angesehen werden kann.[19] Auf das internationale Einheitsunternehmen wird im Rahmen der Arbeit nicht näher eingegangen.[20]

Das deutsche Steuerrecht enthält keine eigenständige Definition des Konzernbegriffs. Daher erscheint es zweckmäßig, für einen steuerlichen Konzernbegriff auf die Voraussetzungen des § 18 AktG zurückzugreifen.[21] Nach § 18 AktG sind für das Entstehen eines Konzerns rechtlich selbstständige Unternehmen unter einheitlicher Leitung zusammenzufassen. Je nach Bestehen eines Beherrschungs- bzw. Abhängigkeitsverhältnisses der beteiligten Unternehmen kann aus organisatorischer Sicht entweder ein Unterordnungskonzern gem. § 18 Abs. 1 AktG oder ein Gleichordnungskonzern gem. § 18 Abs. 2 AktG vorliegen. In beiden Fällen handelt es sich jedoch um verbundene Unternehmen i. S. des § 15 AktG.

Zur Abgrenzung des internationalen Konzerns ist es für die vorliegende Untersuchung ausreichend, als verbundene Unternehmen rechtlich selbstständige Unternehmenseinheiten anzu-

---

17 Bei diesen sog. Direktgeschäften liegt eine nationale Unternehmung vor, die ohne festen Stützpunkt im Ausland direkte Handelsbeziehungen zu ihren ausländischen Abnehmern unterhält.

18 Vgl. LUTTER, in: BAYER/BUSSE VON COLBE/LUTTER (1975), S. 62 f.

19 Vgl. LUTTER, in: FS STIMPEL (1985), S. 826.

20 Zum Betriebsstättenbegriff siehe DJANANI/BRÄHLER (2006), S. 187. Zur Gewinnabgrenzung der internationalen Einheitsunternehmung siehe SCHRÖDER/STRUNK, in: MÖSSNER u. a. (2005), Rz. C 1 ff.

21 Vgl. o. V., in: FLICK/WASSERMEYER/BAUMHOFF, Außensteuerrecht, § 13 AStG, Anm. 130.

nehmen, die in mindestens zwei unterschiedlichen Staaten ansässig sind und sich unmittelbar am dortigen Wirtschaftsprozess beteiligen.[22]

2.1.2. Konzerninterne Dienstleistungen

2.1.2.1. Definition

Eine vollständige Definition des Dienstleistungsbegriffs basiert auf den drei Teilaspekten der Potenzialorientierung (Dienstleistungserbringung auf Basis menschlich oder maschinell zur Verfügung gestellter Potenziale bzw. Fähigkeiten), der Prozessorientierung (simultane Produktion und Absatz der Dienstleistung zur Bedarfsdeckung Dritter unter Einbeziehung externer Faktoren) und der Ergebnisorientierung einer Dienstleistung (Dienstleistung als immaterielles Ergebnis des Erbringungsprozesses). Zusammenfassend kann eine Dienstleistung daher als Leistungserstellung bezeichnet werden, bei der simultan verlaufende Produktions- und Absatzprozesse, gestützt auf menschlich oder maschinell bereitgestellte Leistungspotenziale unter Einbeziehung nicht im Einflussbereich des Dienstleistungserbringers liegender Faktoren vollzogen werden, um einem Dienstleistungsempfänger ein spezifisches immaterielles Gut zu dessen individueller Bedarfsdeckung bereitzustellen.[23] Bei einer konzerninternen Dienstleistung handelt es sich folglich um die Dienstleistungserbringung eines Konzernunternehmens zum Nutzen eines oder mehrerer anderer Unternehmen desselben (internationalen) Konzerns.[24]

2.1.2.2. Abgrenzung von weiteren konzerninternen Leistungskategorien

Ausgehend von den zuvor definierten spezifischen Wesensmerkmalen des Dienstleistungsbegriffs ist dieser von den weiteren konzerninternen Lieferungs- und Leistungsbeziehungen abzugrenzen. Die Abgrenzung vom Bereich der materiellen Wirtschaftsgüter bzw. Sachleistungen (Güter- und Warenlieferungen, Nutzungsüberlassungen materieller Wirtschaftsgüter) ist aufgrund der Immaterialität einer Dienstleistung evident und bedarf keiner ausführlicheren Betrachtung.

Die Abgrenzung vom Bereich der immateriellen Wirtschaftsgüter (Technologietransfer, gewerbliche Schutzrechte, Know-how-Überlassungen) ist dagegen wesentlich problematischer und kann keinesfalls grundsätzlicher Art sein. Vielmehr ist jeder Einzelfall individuell zu

---

22 Zum Einfluss des Kriteriums der einheitlichen Leitung siehe Abschnitt 2.2.1.

23 Vgl. BRUHN, in: Gablers Wirtschaftslexikon (2004), S. 698. Die US-amerikanische Literatur benennt als Charakteristika des Dienstleistungsbegriffs die Immaterialität, die Heterogenität, die Vergänglichkeit (fehlende Lagerhaltungsmöglichkeit) und die Untrennbarkeit (simultaner Herstellungs- und Verwertungsprozess), und liefert insoweit keine zusätzlichen Definitionskriterien. Vgl. hierzu grundlegend HARTMANN/ LINDGREN, JSM 1993, Vol. 7, No. 2, S. 4 ff.

24 Vgl. BAUMHOFF, in: FLICK/WASSERMEYER/BAUMHOFF, Außensteuerrecht, § 1 AStG, Anm. 621.

würdigen.[25] Beispielsweise sind Know-how-Überlassungen häufig durch technische oder beratende Dienstleistungen flankiert.[26] Im Falle derartiger gemischter Know-how-Verträge ist nicht generell von einer Dienstleistungserbringung auszugehen.[27] Stattdessen ist aus Sicht des Leistungsempfängers zu beurteilen, in welchem Verhältnis die Dienstleistung zum übertragenen Spezialwissen steht. Geht die beratende oder technische Unterstützungsleistung über die reine Wissensvermittlung hinaus, und ist diese für den Leistungsempfänger von einem höheren Wert als das Know-how selbst, handelt es sich um eine Dienstleistungserbringung.[28] Werden dagegen im Rahmen einer Know-how-Überlassung z. B. nur zusätzliche Erläuterungen als Unterstützungsleistung erbracht, ist das vertraglich vereinbarte Entgelt auf die beiden Leistungskomponenten aufzuteilen.[29]

Ebenso bestehen Schwierigkeiten bei der Beurteilung von Einzelforschungsaufträgen. Liegt ein detaillierter Forschungsauftrag zu Grunde, nach dem ein spezielles Aufgabenfeld durch den Auftragnehmer zu bearbeiten ist und der Auftraggeber das uneingeschränkte Verwertungsrecht der Forschungsergebnisse bei angemessener Leistungsabgeltung erhält, ist diese sog. Auftragsforschung unter den genannten Voraussetzungen als Dienstleistung des forschenden Unternehmens einzuordnen.[30]

2.1.2.3. Dienstleistungsbegriff im deutschen und US-amerikanischen Steuerrecht

Aus dem Außensteuergesetz (AStG) sowie der zugehörigen Kommentierung ergeben sich keine bedeutsamen Erläuterungen des Dienstleistungsbegriffs. Dies ist vor allem darauf zurückzuführen, dass die zu § 1 AStG a. F.[31] ergangenen „Verwaltungsgrundsätze für die Prüfung der Einkunftsabgrenzung bei international tätigen Unternehmen“[32] (nachfolgend „VGr“) nicht auf der terminologischen Basis des Außensteuergesetzes aufbauen, und diesem zu den Begrifflichkeiten somit keine Hinweise zu entnehmen sind.[33]

Die VGr aus dem Jahr 1983 sowie die ebenfalls im Rahmen der zu behandelnden Thematik heranzuziehenden „Grundsätze für die Prüfung der Einkunftsabgrenzung durch Umlagever-

---

[25] Vgl. OECD (2001), Tz. 7.3 f.
[26] Vgl. OECD (2001), Tz. 7.26; JOOS, in: GROTHERR, (2003), S. 485.
[27] Vgl. BFH-Urteil vom 23.11.1988, II R 209/82, BStBl. 1989 II, S. 84.
[28] Vgl. BFH-Urteil vom 16.12.1970, I R 44/67, BStBl. 1971 II, S. 237; BAUMHOFF, in: FLICK/WASSERMEYER/BAUMHOFF, Außensteuerrecht, § 1 AStG, Anm. 701.
[29] Vgl. FINSTERWALDER, IStR 2006, S. 356.
[30] Vgl. FLICK, BB 1973, S. 286; RAUPACH, in: RAUPACH (1999), S. 167.
[31] § 1 AStG wurde durch das Unternehmensteuerreformgesetz 2008 (UntStRefG 2008) vom 14.8.2007, BGBl. 2007 I, Nr. 40, S. 1912 ff., in wesentlichen Punkten überarbeitet und erweitert. Siehe hierzu grundlegend BÖDEFELD/KUNTSCHIK, in: BLUMENBERG/BENZ (2007), S. 243 ff.
[32] BMF-Schreiben vom 23.2.1983, IV C 5 – S 1341 – 4/83, BStBl. 1983 I, S. 218 ff.
[33] Vgl. ENGLER, in: VÖGELE/BORSTELL/ENGLER (2004), Kapitel O, Rn. 14.

träge zwischen international verbundenen Unternehmen“[34] (nachfolgend „VGrUml“) führen in Ermangelung einer Definition des Dienstleistungsbegriffs lediglich verschiedene Dienstleistungsarten auf.[35] Ebenso wenig liefern die für den Bereich der Verrechnungspreise einschlägigen Rechtsquellen des US-amerikanischen Steuerrechts[36] eine konkrete Begriffsdefinition. Nach dem US-Richtlinientext sind unter einer Dienstleistung jegliche Tätigkeiten zu subsumieren, die zum Nutzen eines oder mehrerer Empfängerunternehmen erbracht werden.[37]

2.1.3. Konzernverrechnungspreise

Verrechnungspreise als Leistungsabgeltung unternehmensinterner Geschäftsbeziehungen zwischen organisatorisch getrennten Unternehmenseinheiten resultieren im Gegensatz zu Marktpreisen aus einer zweckorientierten Leistungsbewertung.[38] Demnach können Verrechnungspreise in Abhängigkeit der von der Unternehmensleitung verfolgten Ziele unterschiedlichen Zwecksetzungen dienen und daher in der Höhe unterschiedlich angesetzt werden.[39]

Liegen die organisatorisch getrennten Unternehmenseinheiten jedoch als rechtlich selbstständige Unternehmen eines internationalen Konzerns vor, handelt es sich bei dem anzusetzenden Verrechnungspreis um einen effektiv geschuldeten Preis zwischen gesonderten Rechtsträgern.[40] Ein solcher Verrechnungspreis, der auch als Konzernverrechnungspreis bezeichnet werden kann, ist Gegenstand der vorliegenden Untersuchung. Dabei wird ausschließlich eine steuerliche Betrachtung angestellt.

2.2. *Fremdvergleich als Grundlage der Verrechnungspreisbestimmung*

2.2.1. Notwendigkeit angemessener Verrechnungspreise

Aufgrund des Kriteriums der einheitlichen Leitung ist der internationale Konzern als wirtschaftliche Einheit zu sehen.[41] Die Führung einer internationalen Konzernunternehmung unterliegt denselben betriebswirtschaftlichen Anforderungen, die grundsätzlich auch für andere unternehmerische Einheiten gelten. Konkrete Entscheidungen z. B. über die Konzernorganisa-

---

34 BMF-Schreiben vom 30.12.1999, IV B 4 – S 1341 – 14/99, BStBl. 1999 I, S. 1122 ff.

35 Siehe hierzu ENGLER, in: VÖGELE/BORSTELL/ENGLER (2004), Kapitel O, Rn. 15.

36 Sec. 482 IRC sowie die hierzu ergangenen Steuerrichtlinien (Sec. 482 Treasury Regulations und Sec. 482 Temporary Regulations).

37 Vgl. Temp. Reg. § 1.482-9T (l) (1). Für eine Würdigung dieser weit gefassten Definition siehe CHUNG u. a, TMTR 2006, Vol. 15, No. 8, S. 313.

38 Vgl. FISCHER/KLEINEIDAM/WARNEKE (2005), S. 685.

39 Aus betriebswirtschaftlicher Sicht werden Verrechnungspreisen dementsprechend unterschiedliche Funktionen zuerkannt. Vgl. hierzu näher HALLER/HOLZER, in: FS LÜCK (2003), S. 557 ff.

40 Vgl. BAUMHOFF, in: MÖSSNER u. a. (2005), Rz. C 226.

41 Vgl. HÜFFER (2006), § 18, Rn. 10.

tion, die Konzernkoordination oder die Konzernüberwachung werden unter Verfolgung eines übergeordneten Gesamtinteresses getroffen.[42]

Lieferungs- und Leistungsbeziehungen innerhalb eines Konzernverbunds werden wegen der rechtlichen Selbstständigkeit der beteiligten Konzernunternehmen als schuldrechtliche Vertragsbeziehungen abgewickelt. Diese werden dem steuerlichen Trennungsprinzip folgend auf Ebene der einzelnen Konzernunternehmen der unbeschränkten Steuerpflicht im jeweiligen Sitzstaat unterworfen.[43] Hinsichtlich der Höhe der festzulegenden Leistungsentgelte obliegt es den beteiligten Finanzverwaltungen, denjenigen Verrechnungspreisen ihre Anerkennung zu versagen, welche insbesondere betriebswirtschaftlichen Zwecken der Konzernsteuerpolitik dienen und damit unangemessene Gewinnverlagerungen nach sich ziehen. Im Rahmen der Besteuerung eines internationalen Konzerns fordern Steuerbehörden daher eine verursachungsgerechte Zuordnung aller aus konzerninternen Geschäftsbeziehungen resultierenden Aufwendungen und Erträge.[44]

Zu diesem Zweck sind sowohl Finanzverwaltungen als auch Konzerne an einer angemessenen Verrechnungspreisgestaltung interessiert. Mit Hilfe angemessener Verrechnungspreise beugen die beteiligten Finanzbehörden ungerechtfertigten Minderungen ihrer Steuereinnahmen vor. Ist die Angemessenheit eines festgesetzten Verrechnungspreises nicht gegeben, besteht für international tätige Konzerne die Gefahr einer wirtschaftlichen Doppelbesteuerung.[45] Diese liegt vor, wenn eine Finanzverwaltung infolge eines unangemessenen Verrechnungspreises auf Basis ihrer nationalen Korrekturvorschriften eine Verrechnungspreiskorrektur samt Gewinnberichtigung vornimmt, und in diesem Fall eine weitere beteiligte Finanzverwaltung eines anderen Staates von einer korrespondierenden Gegenberichtigung absieht.

Um dem Erfordernis der Ermittlung angemessener Verrechungspreise zu entsprechen, bedarf es eines neutralen Maßstabs, nach dem sich die Angemessenheitskriterien der Verrechnungspreisbestimmung ableiten lassen. International anerkannt ist als solcher Maßstab der sog. Fremdvergleichsgrundsatz.[46]

---

[42] Vgl. SCHEFFLER, in: FS GOERDELER (1987), S. 473 f.

[43] Der internationale Konzern unterliegt damit nicht der sog. Einheitsbesteuerung. In den USA werden Konzerne hingegen in einigen Bundesstaaten nach der sog. Unitary Method of Taxation einer Einheitsbesteuerung unterzogen. Vgl. darstellend SALZBERGER, IStR 1999, S. 97 ff.; DENDORFER, IStR 2001, S. 548. Konzernbesteuerungsaspekte der körperschaftsteuerlichen Organschaft bleiben in dieser Arbeit unberücksichtigt.

[44] Vgl. BAUMHOFF, in: MÖSSNER u. a. (2005), Rz. C 224.

[45] Zum Begriff der „wirtschaftlichen Doppelbesteuerung" vgl. FISCHER/KLEINEIDAM/WARNEKE (2005), S. 30.

[46] Vgl. BOOS/REHKUGLER/TUCHA, DB 2000, S. 2390; KAMINSKI (2001), S. 11.

2.2.2. Konzeption des Fremdvergleichsgrundsatzes

Der Fremdvergleichsgrundsatz (Dealing at Arm's Length-Prinzip) bildet den zentralen Wertmaßstab für die Verrechnungspreisermittlung bei konzerninternen Lieferungs- und Leistungsbeziehungen.[47] Danach sind für Transaktionen zwischen international verbundenen Unternehmen genau die Entgelte anzusetzen, die „[...] voneinander unabhängige Dritte unter gleichen oder ähnlichen Verhältnissen vereinbart haben oder vereinbart hätten."[48] Der Fremdvergleichsgrundsatz ignoriert die wirtschaftliche Einheit des internationalen Konzerns und fordert stattdessen eine Verrechnungspreisermittlung, die dem Resultat einer Preisbildung zwischen ausschließlich aus Eigeninteresse handelnden und gesellschaftsrechtlich unverbundenen Transaktionspartnern entspricht.[49]

Die Ermittlung eines solchen Fremdvergleichspreises (Fremdpreises) kann nur bei Vorliegen konkreter Vergleichsobjekte zu einem marktgerechten Vergleichswert führen. Für die Identifikation eines als Vergleichsobjekt zulässigen Fremdpreises stellt das Dealing at Arm's Length-Prinzip dabei auf die Unabhängigkeit der Geschäftspartner sowie die Vergleichbarkeit der Verhältnisse ab.[50] Im Einzelfall ergeben sich je nach Ausprägung dieser beiden Tatbestandsmerkmale mit dem tatsächlichen und dem hypothetischen Fremdvergleich zwei unterschiedliche methodische Ansätze.

2.2.3. Arten des Fremdvergleichs

2.2.3.1. Tatsächlicher Fremdvergleich

Im Idealfall besteht der einzige Unterschied zwischen einer konzerninternen Transaktion und einer unter freien Wettbewerbsbedingungen abgeschlossenen Geschäftsbeziehung im gesellschaftsrechtlichen Verhältnis der Transaktionspartner.[51] In diesem Fall würden die direkte Vergleichbarkeit der Verhältnisse (Identität bzw. Gleichartigkeit der Rechtsgeschäfte) sowie die tatsächliche Unabhängigkeit der am Vergleichsgeschäft beteiligten Vertragspartner den sog. tatsächlichen Fremdvergleich als Ist-Ist-Vergleich ermöglichen.[52] Der tatsächliche Fremdvergleich ist ebenso bei einer nur indirekten Vergleichbarkeit der Verhältnisse durch-

---

[47] Vgl. OECD (2001), Tz. 1.13; Art. 9 Abs. 1 OECD-MA; § 1 Abs. 1 Satz 1 AStG n. F.; Tz. 2.1.1. VGr; Reg. § 1.482-1 (b) (1).
[48] BAUMHOFF, DStR 1987, S. 497; SCHMIDT/SIGLOCH/HENSELMANN (2005), S. 342.
[49] Vgl. OESTREICHER (2000), S. 32 f.
[50] Vgl. BAUMHOFF, in: MÖSSNER u. a. (2005), Rz. C 266.
[51] Vgl. BAUMHOFF, in: FLICK/WASSERMEYER/BAUMHOFF, Außensteuerrecht, § 1 AStG, Anm. 353.
[52] Vgl. BAUMHOFF, DStR 1987, S. 497.

führbar, sofern die Abweichungen der hier nur ähnlichen und nicht gleichartigen Rechtsgeschäfte quantifiziert und durch Anpassungsrechnungen beseitigt werden können.[53]

Dem tatsächlichen Fremdvergleich kann eine innerbetriebliche oder eine zwischenbetriebliche Sichtweise zu Grunde liegen.[54] Ein innerbetrieblicher (innerer) Fremdvergleich ist möglich, wenn eine Konzernunternehmung in vergleichbaren Geschäftsbeziehungen[55] sowohl zu einer verbundenen als auch zu einer unverbundenen Unternehmung steht. Bei einem zwischenbetrieblichen (äußeren) Fremdvergleich ist der Fremdpreis dagegen mit Hilfe vergleichbarer Geschäfte zwischen voneinander unabhängigen, und in diesem Fall konzernfremden, Marktteilnehmern zu ermitteln.

2.2.3.2. Hypothetischer Fremdvergleich

Liegen keine vergleichbaren Geschäftsbeziehungen zwischen voneinander unabhängigen Dritten vor, kann im Rahmen des sog. hypothetischen Fremdvergleichs (Soll-Ist-Vergleich) ein heranzuziehender Vergleichswert unter der fiktiven Unabhängigkeit der Konzernunternehmung simuliert werden.[56] Dabei führt das gedankliche Modell der fiktiven Unabhängigkeit allerdings nicht zu einem vollständig konzernfreien Unternehmen.[57] Bei der Ermittlung des (Soll-)Fremdvergleichspreises werden nur diejenigen Maßnahmen eliminiert, die „[...] Verschiebungen zwischen den Gewinnen der Gliedgesellschaften [...]“[58] bewirken und lediglich die Ergebniszuordnung beeinflussen (aktive Konzernwirkungen).[59] Passive Konzernwirkungen, die aus der reinen Zugehörigkeit zum Konzern resultieren und z. B. in einer erhöhten Kreditwürdigkeit, verbilligten Einkaufsmöglichkeiten oder verbesserten Absatzchancen bestehen, sind dagegen bei der Simulation des hypothetischen Fremdpreises nicht zu korrigieren.[60]

Die Bestimmung eines hypothetischen Fremdvergleichspreises bedarf eines neutralen Elements, mit dessen Hilfe die Angemessenheit dieses Preises beurteilt werden kann. Als ein solcher Bezugspunkt hat sich in Deutschland die Rechtsfigur des ordentlichen und gewissenhaf-

---

[53] Vgl. Tz. 2.1.7. VGr; Reg. § 1.482-1 (d) (2).
[54] Vgl. BAUMHOFF, in: FLICK/WASSERMEYER/BAUMHOFF, Außensteuerrecht, § 1 AStG, Anm. 356.
[55] Bei vergleichbaren Geschäftsbeziehungen liegt entweder eine direkte oder indirekte Vergleichbarkeit vor.
[56] Vgl. BAUMHOFF, DStR 1987, S. 498.
[57] Vgl. OESTREICHER (2000), S. 33.
[58] MOXTER, ZfhF 1961, S. 643.
[59] Aktive Konzernwirkungen sind als Eingriffe der Konzernleitung in den Betriebsablauf der Gliedgesellschaften zu charakterisieren.
[60] Vgl. KLEINEIDAM, in: SCHAUMBURG (1994), S. 110; OESTREICHER (2000), S. 33; a. A. WASSERMEYER, in: DEBATIN/WASSERMEYER, Doppelbesteuerung, Bd. I, Art. 9 MA, Rz. 127.

ten Geschäftsleiters herausgebildet.[61] Aus der objektivierten Sicht des ordentlichen Geschäftsleiters wird unter Würdigung sämtlicher einzelfallbezogener Umstände (wie z. B. der Marktsituation) analysiert, ob der fiktiv ermittelte Vergleichspreis einer Preisgestaltung entspricht, die fremde Dritte in einer vergleichbaren Situation getroffen hätten.[62] Der Maßstab des ordentlichen Geschäftsleiters ist immer dann anzusetzen, wenn (naturgemäß objektivierte) Marktpreise nicht vorliegen.[63]

Durch den im Rahmen des UntStRefG 2008 neu gefassten § 1 Abs. 3 Satz 5 AStG wird der hypothetische Fremdvergleich erstmals kodifiziert. Nach dem Gesetzeswortlaut handelt es sich bei dem hypothetischen Fremdvergleich um die Simulation eines Preisbildungsprozesses, bei der durch die Verweisung auf § 1 Abs. 1 Satz 2 AStG n. F. statt des Maßstabs des ordentlichen Geschäftsleiters auf die Theorie des doppelten ordentlichen Geschäftsleiters abzustellen ist.[64] Das Handeln der beiden Geschäftsleiter basiert nach Auffassung des Gesetzgebers dabei auf der Kenntnis aller wesentlichen Geschäftsbedingungen.[65]

Im US-amerikanischen Steuerrecht ist die Figur des ordentlichen Geschäftsleiters (oder eine ähnliche Rechtsfigur) nicht verankert. Da jedoch andere US-amerikanische Rechtsgebiete, wie z. B. das US-Handelsrecht, die Rechtsfigur eines ordentlichen Geschäftsleiters bzw. Kaufmanns kennen, und diese eindeutig als Bestandteil des US-Rechts angesehen werden kann, ist die in Deutschland gebotene Heranziehung des (doppelten) ordentlichen Geschäftsleiters mit dem US-Steuerrecht vereinbar.[66]

2.3. *Verrechnungspreismethoden für konzerninterne Dienstleistungen*

Die praktische Anwendung des Fremdvergleichsgrundsatzes erfolgt mit Hilfe der von Theorie und Praxis entwickelten Verrechnungspreismethoden.[67] Dabei kann zwischen den geschäftsfallbezogenen Standardmethoden und den gewinnbezogenen Verrechnungspreismethoden un-

---

[61] Zur erstmaligen Übernahme der Rechtsfigur vom Handels- in das Steuerrecht vgl. BFH-Urteil vom 16.3.1967, I 261/63, BStBl. 1967 III, S. 627. Überblicksartig vgl. BECKER, IWB, Fach 3, Gruppe 1, S. 1635.

[62] Vgl. Tz. 2.1.1. VGr.

[63] Vgl. BORSTELL, in: VÖGELE/BORSTELL/ENGLER (2004), Kapitel C, Rn. 22.

[64] Für eine überzeugende Begründung des im Gesetzestext verwendeten Plurals siehe BAUMHOFF/DITZ/GREINERT, DStR 2007, S. 1464.

[65] Diese Konkretisierung bzw. Ausweitung des doppelten ordentlichen Geschäftsleiters ist als realitätsferner und nicht fremdvergleichskonformer Alleingang des Gesetzgebers zu sehen. Vgl. BÖDEFELD/KUNTSCHIK, in: BLUMENBERG/BENZ (2007), S. 248; FRISCHMUTH, IStR 2007, S. 486.

[66] Vgl. BECKER, TPIR 1987, Vol. 14, No. 8, S. 12. Dem ist hinzuzufügen, dass die Berücksichtigung des ordentlichen Geschäftsleiters im internationalen Verhältnis anerkannt ist und seitens ausländischer Finanzbehörden akzeptiert wird. Vgl. BÖDEFELD/KUNTSCHIK, in: BLUMENBERG/BENZ (2007), S. 248. A. A. KROPPEN/RASCH/EIGELSHOVEN, IWB, Fach 3, Gruppe 1, S. 2227; WASSERMEYER, DB 2007, S. 536.

[67] Vgl. OECD (2001), Tz. 1.68.

terschieden werden. Während sich die Standardmethoden an tatsächlichen oder hypothetischen Fremdvergleichspreisen orientieren, leiten die gewinnbezogenen Methoden die Angemessenheit der Verrechnungspreise mit Hilfe von Gewinnvergleichen ab. Bei dieser Vorgehensweise wird unterstellt, dass Unternehmen bzw. Unternehmensteile mit identischer oder ähnlicher Funktions- und Risikostruktur miteinander vergleichbare Gewinne erzielen.[68] Aus der Gegenüberstellung dieser Gewinne wird gefolgert, inwiefern Abweichungen zwischen den verglichenen Gewinnen durch Verrechnungspreistransaktionen zu erklären sind.

Als geschäftsfallbezogene Standardmethoden sind die Preisvergleichsmethode, die Wiederverkaufspreismethode und die Kostenaufschlagsmethode zu nennen.[69] Zu den Gewinnmethoden gehören u. a. die Gewinnvergleichsmethode, die transaktionsbezogene Nettomargenmethode und die Gewinnaufteilungsmethode.[70] Die ab dem 1.1.2007 geltende US-Verrechnungspreisrichtlinie für Konzerndienstleistungen enthält mit der Services Cost Method eine weitere Verrechnungspreismethode. Für diese wurde das Datum des Inkrafttretens um 1 Jahr auf Besteuerungszeiträume beginnend nach dem 31.12.2007 verschoben.[71] Im Rahmen der vorliegenden Arbeit wird die Services Cost Method aufgrund ihres methodischen Ansatzes weder den Standard- noch den Gewinnmethoden zugeordnet.

2.3.1. Services Cost Method (SCM)

Die SCM[72] ist als Nachfolger des Integral Tests anzusehen und damit in den Teilbereich des US-amerikanischen Verrechnungspreisregelwerks einzuordnen, nach dem eine reine Kostenverrechnung nicht-substantieller Dienstleistungen ohne Gewinnaufschlag (sog. Safe Harbor-Regelung) zulässig ist. Nach den US-Regulations bleiben solche Dienstleistungen von der Anwendung der SCM ausgeschlossen, die entweder beim Leistungserbringer/-empfänger oder bei beiden Transaktionsteilnehmern zur Schaffung nachhaltiger Wettbewerbsvorteile, Kernkompetenzen oder wesentlicher Geschäftschancen und -risiken beitragen.[73] Bei nicht-substantiellen Dienstleistungen handelt es sich vielmehr um sog. Back Office-Tätigkeiten, also um Routineleistungen, die am Markt üblicherweise mit keinem bzw. einem nur geringen Gewinnaufschlag weiterbelastet werden (sog. Specified Covered Services).[74] Zur Abgrenzung dieses Tätigkeitstypus hatte die US-Finanzverwaltung zunächst eine abschließende Liste der

68 Vgl. REHKUGLER/VÖGELE, BB 2002, S. 1938.
69 Vgl. Tz. 2.2.1. VGr; OECD (2001), Tz. 2.1.
70 Vgl. OECD (2001), Tz. 3.1.
71 Siehe IRS, Notice 2007-5 vom 21.12.2006, abgedruckt in: TMTR 2007, Vol. 15, No. 17, S. 657 ff.
72 Siehe zur SCM auch RASCH/FISCHER, DB 2007, S. 880 ff.
73 Vgl. Temp. Reg. § 1.482-9T (b) (2).
74 Vgl. Temp. Reg. § 1.482-9T (b) (4) (i).

Specified Covered Services veröffentlicht.[75] Diese sog. White List wurde im Dezember 2006 von zuvor 48 auf nunmehr 101 Dienstleistungstätigkeiten erweitert.[76] Danach sind u. a. Buchhaltungstätigkeiten, EDV-Dienstleistungen, rechtliche Beratungsleistungen oder Dienstleistungen aus dem Bereich der Öffentlichkeitsarbeit mit der SCM verrechenbar.

Neben den Back Office-Dienstleistungen ist die SCM für diejenigen Dienstleistungen anwendbar, für die sich bei Betrachtung des fremdüblichen Verhaltens ein Gewinnaufschlag von maximal 7 % der Dienstleistungskosten ergibt.[77] Für bestimmte Leistungsbereiche ist diese Voraussetzung allerdings nicht zu prüfen, da Dienstleistungen aus diesen Bereichen nach Ansicht des IRS generell mit höheren Gewinnaufschlägen als 7 % der Dienstleistungskosten versehen werden.[78] Im Einzelfall ist jedoch die Art der Tätigkeit maßgeblich. So fallen z. B. Buchhaltungstätigkeiten grundsätzlich in den Anwendungsbereich der SCM, unabhängig davon, welchem Leistungsbereich das Kerngeschäft eines Unternehmens zuzuordnen ist.[79]

Für die zur Anwendung der SCM zu erfüllenden Vergleichbarkeitsanforderungen ist aufgrund fehlender spezifischer Normen auf die allgemeine Darlegung nach Reg. § 1.482-1 (d) zurückzugreifen.[80] Insbesondere für die Gruppe der Specified Covered Services sind ähnliche Funktions- und Risikoübernahmen zu erwarten, so dass eine zu beurteilende Tätigkeit primär nach ihrer Wesensart auf eine Übereinstimmung mit einer der vom IRS aufgeführten Listentätigkeiten überprüft werden kann. Für die Low Margin Covered Services ist dagegen eine genauere Vergleichbarkeitsanalyse durchzuführen, da als Vergleichsobjekt hier ein marktüblicher Gewinnaufschlag herangezogen wird. Für die Vergleichbarkeit eines solchen Gewinnaufschlags sind nach Reg. § 1.482-1 (d) (1) grundlegende Vergleichbarkeitskriterien zu berücksichtigen. Konkret sind dies die vom Leistungserbringer ausgeübten Funktionen und übernommenen Risiken, der Dienstleistung zu Grunde liegende Vertragsbedingungen sowie die ökonomischen Rahmenbedingungen.

---

[75] Siehe IRS, Announcement 2006-50 vom 31.07.2006, abgedruckt in: TMTR 2006, Vol. 15, No. 7, S. 214 ff.

[76] Siehe IRS, Rev. Proc. 2007-13 vom 21.12.2006, abgedruckt in: TMTR 2007, Vol. 15, No. 17, S. 660 ff.

[77] Vgl. Temp. Reg. § 1.482-9T (b) (4) (ii). Für die Berechnung des fremdüblichen Gewinnaufschlags wird die interquartile Bandbreite fremdvergleichskonformer Verrechnungspreise (siehe hierzu Abschnitt 2.4.2.) gebildet. Der Median dieser Bandbreite wird anschließend in Relation zu den durch die Dienstleistungserbringung verursachten Kosten gesetzt. Ergibt sich dabei ein fremdüblicher Gewinnaufschlag von mehr als 7 % der Dienstleistungskosten, darf die SCM nicht verwendet werden.

[78] Nach Temp. Reg. § 1.482-9T (b) (3) (ii) handelt es sich dabei um Dienstleistungen aus den Bereichen Herstellung/Fertigung, Produktion, Erzeugung/Erforschung/Verarbeitung von Rohstoffen, Konstruktion, Vertrieb, Forschung und Entwicklung, Ingenieurwesen, Finanzen und Versicherung. Für eine empirisch belegte Verneinung dieser Auffassung des IRS vgl. CLARK, DICK/MIMO, ELLA: Service Company Profitability: Results from an Empirical Analysis, TMTR 2004, Vol. 12, No. 21, S. 1028.

[79] Vgl. BREEN, in: MOSES/WRIGHT, TMTR 2006, Vol. 15, No. 9, S. 331.

[80] Vgl. Temp. Reg. § 1.482-9T (a).

2.3.2. Geschäftsfallbezogene Standardmethoden

2.3.2.1. Preisvergleichsmethode (CUSP[81])

Die CUSP stützt sich bei der Verrechnungspreisbestimmung für konzernintern erbrachte Dienstleistungen auf konkrete Marktpreise. Danach bestimmt sich der Verrechnungspreis nach dem Preis, der unter gesellschaftsrechtlich unverbundenen Marktteilnehmern bei vergleichbaren Bedingungen angesetzt wird.[82] Der Konzeption des tatsächlichen Fremdvergleichs folgend, stehen als mögliche Varianten der CUSP der äußere und der innere Preisvergleich zur Verfügung.[83]

Zur Erzielung eines marktgerechten Verrechnungspreises sollten grundsätzlich mehrere Fremdvergleichspreise verfügbar sein, so dass nicht besondere Einzelumstände eines Vergleichsgeschäfts zu unangemessenen Verrechnungspreisen führen.[84] Ist z. B. ein Vergleichsgeschäft beobachtbar, bei dem jedoch die gehandelte Leistung qualitativ hochwertiger ist, liefert dieses nur dann einen angemessenen Fremdvergleichspreis, wenn eine dem Qualitätsunterschied quantitativ entsprechende Preiskorrektur vorgenommen werden kann. Neben der Produktvergleichbarkeit sind als weitere Vergleichskriterien u. a. die Art und Beschaffenheit der Dienstleistung, die Marktverhältnisse samt geografisch bedingter Abweichungen, die von den Unternehmen jeweils wahrgenommenen Funktionen und Handelsstufen sowie unterschiedliche Lieferungs- und Zahlungskonditionen zu nennen.[85]

2.3.2.2. Wiederverkaufspreismethode (GSMM[86])

Nach der GSMM werden Verrechnungspreise durch eine retrograde Vorgehensweise ermittelt. Bezieht eine Konzernunternehmung (Wiederverkäufer) Dienstleistungen von einem verbundenen Unternehmen und veräußert diese in unveränderter oder nur geringfügig veränderter Form an fremde Dritte, ist der hier vereinbarte Absatzpreis Ausgangspunkt der Verrechnungspreisbestimmung. Der Absatzpreis ist zur Berechnung des Verrechnungspreises um einen marktüblichen Gewinnabschlag zu mindern.[87]

---

81 Abkürzung der US-amerikanischen Bezeichnung „Comparable Uncontrolled Services Price Method." Inhaltlich handelt es sich um die international gängige Preisvergleichsmethode, die z. B. für Warentransaktionen ebenso angewendet wird. Bei den beiden weiteren Standardmethoden ist der Methodenname in gleicher Weise auf die Dienstleistungsverrechnung zugeschnitten worden, materielle Methodenänderungen wurden aber nicht vorgenommen.

82 Vgl. Tz. 2.2.2. VGr; Temp. Reg. § 1.482-9T (c) (1).

83 Vgl. Tz. 2.2.2. VGr; Temp. Reg. § 1.482-9T (c) (4) Example 1 und 2.

84 Vgl. FROTSCHER (2005), Rz. 576.

85 Vgl. Tz. 3.1.2.1. i. V. m. Tz. 3.2.1. VGr; Temp. Reg. § 1.482-9T (c) (2) (ii) (B).

86 Abkürzung der US-amerikanischen Bezeichnung „Gross Services Margin Method."

87 Vgl. Tz. 2.2.3. VGr; Temp. Reg. § 1.482-9T (d) (2) (i).

Die Ermittlung des marktüblichen Gewinnabschlags, der i. d. R. als prozentuale Rohgewinnmarge ausgedrückt wird, vollzieht sich nach einem inneren oder äußeren Preisvergleich.[88] Dabei sind zur Sicherstellung der Marktüblichkeit höhere Vergleichbarkeitsanforderungen an die zum Vergleich herangezogenen Unternehmen zu stellen. Während diese vor allem hinsichtlich ausgeübter Funktionen und übernommener Risiken übereinstimmen müssen, sind die Vergleichbarkeitsanforderungen an die Transaktion selbst bereits bei Leistungsähnlichkeit und vergleichbarer Lieferungs- und Zahlungskonditionen gegeben.[89]

2.3.2.3. Kostenaufschlagsmethode (CSPM[90])

Ausgangspunkt der CSPM sind die Kosten der Herstellung bzw. der Erbringung einer Dienstleistung. Aus der Addition dieser Kosten und eines betriebs- oder branchenüblichen Gewinnaufschlags ergibt sich der Verrechnungspreis nach der CSPM.[91] Zur Ermittlung des betriebs- oder branchenüblichen Gewinnaufschlags besteht wiederum die Möglichkeit eines inneren oder äußeren Preisvergleichs.[92]

Die Kosten des Leistenden lassen sich mit Hilfe der Kalkulationsmethoden errechnen, die der Leistende bei der Preisbildung gegenüber fremden Dritten zu Grunde legt. Bestehen keine Geschäftsbeziehungen zu fremden Dritten, sind diejenigen Kostenrechnungsverfahren zulässig, die betriebswirtschaftlichen Grundsätzen entsprechen.[93]

Die Höhe des Gewinnaufschlags bemisst sich nach denjenigen Gewinnaufschlägen, die von dem Konzernunternehmen bzw. von unverbundenen Vergleichsunternehmen mit ähnlichen Dienstleistungen erzielt werden. Ebenso kann der Gewinnaufschlag nach weiteren Orientierungshilfen, wie z. B. einer mindestens in Höhe der Kapitalmarktrendite zu erwirtschaftenden Eigenkapitalrendite bestimmt werden.[94] Die Identifizierung von Vergleichsunternehmen orientiert sich insbesondere an den vom Dienstleistungserbringer ausgeübten Funktionen und übernommenen Risiken. Daneben ist bei der Ermittlung fremdüblicher Gewinnaufschläge die der Dienstleistung zu Grunde liegende Kostenbasis von wesentlicher Bedeutung.[95]

---

88 Vgl. OECD (2001), Tz. 2.15; Temp. Reg. § 1.482-9T (d) (3) (ii) (A).
89 Vgl. KUCKHOFF/SCHREIBER (1997), Rz. 104.
90 Abkürzung der US-amerikanischen Bezeichnung „Cost of Services Plus Method."
91 Vgl. Tz. 2.2.4. VGr; Temp. Reg. § 1.482-9T (e) (2) (i). Genau genommen handelt es sich dabei um einen fiktiven Vergleichspreis i. S. des hypothetischen Fremdvergleichs.
92 Vgl. Tz. 2.2.4. VGr („betriebs- oder branchenübliche Gewinnzuschläge"); Temp. Reg. § 1.482-9T (e) (3) (ii) (A).
93 Vgl. Tz. 2.2.4. VGr. So wohl auch Temp. Reg. § 1.482-9T (e) (2) (iii).
94 Siehe hierzu ausführlich SCHOLZ, IStR 2004, S. 209 ff.
95 Vgl. OECD (2001), Tz. 2.37.

2.3.3. Gewinnbezogene Verrechnungspreismethoden

2.3.3.1. Gewinnvergleichsmethode (CPM[96])

Die CPM erachtet Verrechnungspreise als fremdvergleichskonform, wenn der durch konzerninterne Transaktionen beeinflusste Betriebsgewinn einem Ergebnis entspricht, das unabhängige Vergleichsunternehmen unter gleichartigen Bedingungen erzielen.[97] Dazu wird der Betriebsgewinn einer Konzernunternehmung ermittelt und der Anteil der Verrechnungspreistransaktionen so exakt wie möglich separiert.[98] Anschließend werden ausgewählte Renditekennzahlen vergleichbarer Unternehmen bestimmt und diese auf die Basis der anteiligen Verrechnungspreisgewinne bezogen. Das Ergebnis ist ein sog. vergleichbarer Betriebsgewinn der Konzernunternehmung.[99] Liegt das tatsächlich erzielte Betriebsergebnis innerhalb einer Bandbreite vergleichbarer Betriebsgewinne, gelten die Verrechnungspreise als angemessen.[100] Zwecks einer möglichst einfachen Ermittlung von Vergleichsunternehmen ist empfohlen, als Vergleichsmaßstab diejenige Konzernunternehmung zu Grunde zu legen, die mit der geringsten Komplexität ausgestattet ist.[101]

Zulässige Renditekennzahlen sind z. B. die Kapital- und Umsatzrendite sowie weitere Kennzahlen, sofern ihre Anwendung zu verlässlichen Vergleichswerten i. S. des Fremdvergleichsgrundsatzes führt.[102] Ebenso ist die Verwendung des Verhältnisses von operativem Gewinn zu den insgesamt angefallenen Dienstleistungsaufwendungen möglich.[103] Besondere Schwierigkeiten ergeben sich bei Anwendung der CPM durch die zu erfüllende Vergleichbarkeit der Verhältnisse (hier: Vergleichbarkeit der Unternehmen). Einem Betriebsergebnis liegen neben dem Einfluss der Verrechnungspreise eine Vielzahl weiterer unternehmensspezifischer Faktoren zu Grunde.[104] Daher bedarf es zur Identifikation verlässlich vergleichbarer Betriebsgewinne einer umfangreichen Vergleichsanalyse der beteiligten Unternehmen, so dass unterschiedliche Betriebsergebnisse im Idealfall allein durch Verrechnungspreisgeschäfte begrün-

---

96 Abkürzung der US-amerikanischen Bezeichnung „Comparable Profits Method."

97 Vgl. Temp. Reg. § 1.482 9T (f) (1) i. V. m. Reg. § 1.482-5 (b) (1).

98 Nach Temp. Reg. § 1.482 9T (f) (1) i. V. m. Reg. § 1.482-5 (b) (1) findet idealer Weise eine direkte Zuordnung zu einzelnen Transaktionen statt („To the extent possible, profit level indicators should be applied solely to the tested party's financial data that is related to controlled transactions").

99 Vgl. VÖGELE/RAAB, in: VÖGELE/BORSTELL/ENGLER (2004), Kapitel D, Rn. 254.

100 Nach TUCHA dagegen wird in einem zusätzlichen Zwischenschritt zuerst die ausgewählte Renditekennziffer der Konzernunternehmung auf selbige der Vergleichsunternehmen bezogen. Ergibt dieser Vergleich keine wesentliche Abweichung, wird das vergleichbare Betriebsergebnis nicht ermittelt. Vgl. TUCHA, IStR 2002, S. 749.

101 Vgl. Temp. Reg. § 1.482 9T (f) (1) i. V. m. Reg. § 1.482-5 (b) (2) (i).

102 Vgl. Temp. Reg. § 1.482 9T (f) (1) i. V. m. Reg. § 1.482-5 (b) (4).

103 Vgl. Temp. Reg. § 1.482-9T (f) (2) (ii).

104 Zum Beispiel sind die Kostenstruktur, die Kapital- und Sachanlagenausstattung (einschl. immaterieller Wirtschaftsgüter), der betroffene Markt, Art und Umfang der Tätigkeit, die Managementeffizienz und unterschiedliche Rechnungslegungspraktiken zu nennen.

det sind.[105] Schwerpunkte einer solchen Vergleichsanalyse sind die eingesetzten Ressourcen, die übernommenen Risiken sowie die Rechnungslegungspraktiken der zu vergleichenden Unternehmen.[106] Da die beiden erstgenannten Kriterien wesentlich von den jeweils ausgeübten Funktionen abhängen, ist ebenso eine Funktionsanalyse notwendig. Der Umfang der Funktionsanalyse ist allerdings geringer als bspw. bei der GSMM, da die rechnerische Ermittlung der zu vergleichenden Betriebsergebnisse den Abzug aller operativen Ausgaben vorsieht.[107] Somit werden auch auf Funktionsunterschiede zurückzuführende Ausgaben (z. B. für Lagerhaltung, Garantieübernahme, Transport etc.) abgezogen.

2.3.3.2. Transaktionsbezogene Nettomargenmethode (TNMM)

Im Zuge der Entstehung der OECD-Verrechnungspreisgrundsätze wurde die ursprünglich für das Regelwerk vorgesehene CPM durch die neu entwickelte TNMM ersetzt.[108] Nach dieser Methode werden Nettomargen (Nettogewinn bezogen auf eine geeignete Basis wie z. B. Kosten, Umsatz, Kapital) einzelner konzerninterner Dienstleistungen mit denjenigen Margen verglichen, welche aus einem inneren oder äußeren Margenvergleich abgeleitet werden können.[109]

Die TNMM ist im Unterschied zur CPM durch den konkreten Transaktionsbezug gekennzeichnet. Nur in Ausnahmefällen, in denen die Trennung besonders eng verbundener Dienstleistungen zu unangemessenen Ergebnissen führen würde, ist die Zusammenfassung einzelner Geschäfte zulässig.[110] Der Unterschied zwischen den beiden Methoden besteht dagegen materiell nicht, wenn bei Anwendung der CPM die nach Temp. Reg. § 1.482 9T (f) (1) i. V. m. Reg. § 1.482-5 (b) (1) geforderte Zuordnung anteiliger Betriebsergebnisse zu einzelnen Transaktionen gelingt, und mithin beide Methoden auf identische Vergleichsobjekte abstellen.

Die Vergleichbarkeit der Nettomargen ist wie bei der CPM erfüllt, wenn die Vergleichswerte aus vergleichbaren Transaktionen zwischen voneinander unabhängigen Unternehmen resultieren, welche hinsichtlich übernommener Risiken, eingesetzter Ressourcen sowie ausgeübter Funktionen zum Konzernunternehmen ähnlich oder identisch sind.[111] Während ebenso spezifische Vergleichbarkeitsfaktoren, wie z. B. einheitliche Rechnungslegungspraktiken, zu erfül-

[105] Vgl. dazu die ausführliche Darstellung von ROSENBERG u. a, CBTM 2003, Vol. 5, December, S. 4 ff.
[106] Vgl. Temp. Reg. § 1.482-9T (f) (2) (iii) i. V. m. Reg. § 1.482-5 (c) (2) (ii).
[107] Vgl. Temp. Reg. § 1.482 9T (f) (1) i. V. m. Reg. § 1.482-5 (c) (2) (ii).
[108] Vgl. EGGERS, DStR 1996, S. 398.
[109] Vgl. OECD (2001), Tz. 3.26.
[110] Vgl. OECD (2001), Tz. 3.26 i. V. m. Tz. 1.42. Das Fehlen geeigneter Daten für einzelne konzerninterne Transaktionen rechtfertigt dagegen nicht eine Aggregation mehrerer Transaktionen. Vgl. dazu WERRA, IStR 1995, S. 463.
[111] Vgl. KUCKHOFF/SCHREIBER (1997), Rz. 150. Die erforderliche Vergleichbarkeit der zu vergleichenden Transaktionen ist in Rz. 150 nicht enthalten, wird von den Autoren aber in Rz. 147 und 149 genannt.

len sind, ist die Ermittlung der Funktionsunterschiede wiederum nicht so bedeutsam wie z. B. bei Anwendung der GSMM.[112]

Die der letztgenannten Anmerkung zu Grunde liegende Annahme der geringeren Beeinflussung einer Nettomarge durch Produkt- oder Funktionsunterschiede wird in der Literatur durchaus kritisch gesehen.[113] Ein Unternehmen, das mehr Funktionen übernehme, müsse auch einen höheren Nettogewinn erzielen. Diesem Einwand kann aus Sicht der Praxis zugestimmt werden, da üblicherweise zusätzliche Funktionsausübungen die Erzielung eines höheren Nettogewinns zulassen (et vice versa).[114] Somit ist eine sorgfältige Funktionsanalyse zur Ermittlung verlässlicher Vergleichswerte als grundsätzliche Anwendungsvoraussetzung der TNMM anzusehen.

2.3.3.3. Gewinnaufteilungsmethode (PSM[115])

Nach der PSM wird der aus einzelnen oder mehreren Transaktionen[116] über alle Konzerngesellschaften erwirtschaftete operative Gewinn auf die an der Transaktion beteiligten Konzernunternehmen derart aufgeteilt, dass die Gewinnaufteilung dem Verhältnis der zur Erzielung des Gesamtgewinns geleisteten Beiträge entspricht.[117] Der jeweilige Wertbeitrag der an der Transaktion beteiligten Konzernunternehmen bestimmt sich nach den übernommenen Funktionen, dem eingesetzten Betriebsvermögen und den mit der jeweiligen Funktionsausübung verbundenen Risiken.[118] Zur Erzielung eines sachgerechten Ergebnisses ist im Rahmen der PSM eine Gewinnaufteilung (Profit Split-Vereinbarung) angestrebt, die sich bei vergleichbaren Geschäftsbeziehungen zwischen fremden Dritten ebenso ergeben würde.

Im Folgenden werden die beiden Ausprägungen der PSM vorgestellt, die nach den US-Regulations zulässig sind. Im Einzelnen sind dies die Methode der vergleichbaren Gewinnaufteilung und die Restgewinnmethode.[119]

Die Methode der vergleichbaren Gewinnaufteilung orientiert sich unmittelbar an den operativen Ergebnissen, wie sie von fremden Dritten bei vergleichbaren Geschäften in einem ähnli-

[112] Vgl. SCHUCH/TOIFL, in: KROPPEN, Handbuch Internationale Verrechnungspreise, Bd. II, Abschnitt O (Erläuterungen), zu Tz. 3.28, Anm. 1.

[113] Für eine klare Ablehnung dieser Annahme vgl. z. B. WERRA, IStR 1995, S. 463.

[114] Vgl. KUCKHOFF/SCHREIBER (1997), Rz. 153 ff.

[115] Abkürzung der US-amerikanischen Bezeichnung „Profit Split Method."

[116] Während Tz. 3.5 der OECD-Verrechnungspreisgrundsätze die Anwendung der PSM ausdrücklich für einzelne Transaktionen vorsieht, und nur in Ausnahmefällen eine Zusammenfassung mehrerer Geschäfte zulässt, ist die PSM nach Temp. Reg. § 1.482-9T (g) (1) sowohl für einzelne als auch mehrere Transaktionen anwendbar.

[117] Vgl. Temp. Reg. § 1.482-9T (g) (1).

[118] Vgl. ebd.

[119] Zu den Ansätzen der PSM nach den Grundsätzen der OECD vgl. OESTREICHER (2000), S. 68 ff.

chen Geschäftsbereich gemeinsam erzielt und entsprechend aufgeteilt werden.[120] Zur Anwendung dieser PSM-Variante sind zunächst vergleichbare Unternehmen zur Gewährleistung eines vergleichbaren Betriebsergebnisses erforderlich.[121] Daneben sind für die Vergleichbarkeit eines aus einer konkreten Transaktion entstandenen Gewinns insbesondere die zu Grunde liegenden Vertragsbedingungen von Bedeutung, da diese für die Funktions- und Risikoverteilung maßgeblich sind.[122] Bei Vorliegen zulässiger Vergleichswerte wird als Ergebnis dieses Ansatzes der Gewinn in der Form aufgeteilt, dass die einzelnen Funktionen mit ihren entsprechenden Marktwerten angemessen abgegolten werden.[123]

Die Restgewinnmethode stellt sich als zweistufiges Verfahren dar. Zunächst werden, wie bei der Methode der vergleichbaren Gewinnaufteilung, die jeweiligen Beiträge zum betrachteten Gewinn mit Hilfe von Marktdaten bewertet. Allerdings ist dieser erste Schritt auf die sog. routinemäßigen Beiträge reduziert, welche ebenso von unabhängigen Dritten bei vergleichbaren Geschäften erbracht werden und verfügbaren Marktwerten gegenübergestellt werden können.[124] Anschließend ist in einem zweiten Schritt der verbleibende Restgewinn aufzuteilen bzw. über diesen eine angemessene Profit Split-Vereinbarung zu treffen. Der Restgewinn wird nach Auffassung des IRS durch Wertbeiträge determiniert, die keine Routinebeiträge darstellen (sog. Nonroutine Contributions).[125] Entgegen des früheren Wortlauts der US-Regulations, wonach der Restgewinn im wertmäßigen Verhältnis der insgesamt eingesetzten immateriellen Wirtschaftsgüter auf die beteiligten Konzernunternehmen zu verteilen war, ist nunmehr eine Restgewinnzerlegung im wertmäßigen Verhältnis aller eingesetzten Nonroutine Contributions durchzuführen.[126] Da für diese definitionsgemäß keine Marktwerte abgeleitet werden können, ist der Wert der Nonroutine Contributions durch eine möglichst verlässliche Abbildung der Transaktionsbedingungen zu bestimmen. Sofern die Entstehung eines Restgewinns allerdings (auch) durch den Einsatz spezieller immaterieller Wirtschaftsgüter begründet werden kann, ist die Wertermittlung dieser Immaterialgüter entweder anhand der aktuellen Marktwerte, der aktivierten Entwicklungskosten (einschl. aller späteren Verbesserungen und

---

[120] Vgl. Temp. Reg. § 1.482 9T (g) (1) i. V. m. Reg. § 1.482-6 (c) (2) (i).
[121] Für die Vergleichbarkeitsanforderungen an vergleichbare Betriebsgewinne siehe Abschnitt 2.3.3.1. und 2.3.3.2.
[122] Vgl. Temp. Reg. § 1.482 9T (f) (1) i. V. m. Reg. § 1.482-6 (c) (2) (i).
[123] Vgl. DIESSNER, in: VÖGELE/BORSTELL/ENGLER (2004), Kapitel D, Rn. 312.
[124] Vgl. Temp. Reg. § 1.482-6T (c) (3) (i) (A).
[125] Vgl. Temp. Reg. § 1.482-6T (c) (3) (i) (B) (1).
[126] Vgl. ebd.

abzgl. angemessener Abschreibungen) oder unter bestimmten Voraussetzungen mit Hilfe der tatsächlichen Entwicklungskosten des laufenden Wirtschaftsjahres vorzunehmen.[127]

Die für den ersten Schritt der Restgewinnmethode zu berücksichtigenden Vergleichbarkeitsanforderungen entsprechen denen, die für die Methode der vergleichbaren Gewinnaufteilung einzuhalten sind. Hinsichtlich des zweiten Schrittes erkennen die US-Regulations an, dass die Restgewinnaufteilung in Ermangelung verfügbarer Marktdaten nur mit einer eingeschränkten Verlässlichkeit vorgenommen werden kann.[128] Daher fordert die US-Finanzverwaltung im Rahmen dieses zweiten Schrittes eine möglichst hohe Zuverlässigkeit aller verwendeten Unternehmensdaten. Können dagegen nur die Verhältnisse eines der beteiligten Konzernunternehmen verlässlich abgebildet werden, ist ggf. eine Verrechnungspreismethode vorzuziehen, welche besser geeignet ist.[129]

2.3.4. Zusammenfassende Übersicht

Die vorstehenden Erläuterungen verdeutlichen, dass sich die detaillierte Ausgestaltung der CPM und der PSM nach den Regelungen der US-amerikanischen Steuerrichtlinien vollzieht. Für die TNMM ist auf die Vorgaben der OECD zurückzugreifen. Die transaktionsbezogenen Standardmethoden sind dagegen durch die deutschen und US-amerikanischen Verrechnungspreisvorschriften im Hinblick auf die methodische Vorgehensweise und die zu erfüllenden Vergleichbarkeitsanforderungen weitgehend übereinstimmend ausgestaltet.[130]

Die erörterten Verrechnungspreismethoden werden in der nachfolgenden Tabelle 1 überblicksartig dargestellt. Die Tabelle ordnet den einzelnen Methoden ihr jeweiliges Vergleichsobjekt zu, nach dem der Fremdvergleich vollzogen wird. Zusätzlich werden die jeweils wesentlichen Vergleichsfaktoren aufgeführt, welche für eine möglichst genaue Übereinstimmung zwischen einem zu beurteilenden Sachverhalt und dem fremdüblichen Verhalten zu beachten sind.

---

[127] Vgl. Temp. Reg. § 1.482-6T (c) (3) (i) (B) (2).
[128] Vgl. Temp. Reg. § 1.482-9T (g) (1) i. V. m. Reg. § 1.482-6 (c) (3) (ii) (B).
[129] Vgl. Temp. Reg. § 1.482-6T (c) (3) (ii) (D).
[130] So auch BOOS/REHKUGLER/TUCHA, DB 2000, S. 2390.

Tabelle 1: Verrechnungspreismethoden für konzerninterne Dienstleistungen

<table>
<tr><th colspan="2">Methode</th><th>Vergleichs-objekt</th><th>Vorrangige Vergleichsfaktoren</th></tr>
<tr><td rowspan="2">Services Cost Method (SCM)</td><td>Specified Covered Services</td><td>Art der Tätigkeit</td><td>• Übereinstimmung mit der vom IRS veröffentlichten Liste der Specified Covered Services</td></tr>
<tr><td>Low Margin Covered Services</td><td>Markt-üblicher Gewinn-aufschlag</td><td>• Funktionsausübung
• Risikoübernahme
• Vertragsbedingungen
• Ökonomische Rahmenbedingungen</td></tr>
<tr><td colspan="2">Preisvergleichs-methode (CUSP)</td><td>Preis</td><td>• Produkt (z. B. Art, Qualität)
• Marktverhältnisse
• Geografische Aspekte (z. B. Kaufkraft)
• Funktionsausübung und Handelsstufe
• Lieferungs- und Zahlungskonditionen</td></tr>
<tr><td colspan="2">Wiederverkaufspreis-methode (GSMM)</td><td>Markt-üblicher Gewinn-abschlag</td><td>• Funktionsausübung (z. B. Marketingfunktionen)
• Risikoübernahme
• Produktgruppe
• Lieferungs- und Zahlungskonditionen</td></tr>
<tr><td colspan="2">Kostenaufschlags-methode (CSPM)</td><td>Betriebs- oder branchen-üblicher Gewinn-aufschlag</td><td>• Funktionsausübung
• Risikoübernahme (z. B. Geschäftsrisiko beim leistenden Unternehmen)
• Produktgruppe
• Kostenstruktur</td></tr>
<tr><td colspan="2">Gewinnvergleichs-methode (CPM)</td><td>(Geschäftsfall-bezogener) Betriebs-gewinn</td><td>• Ressourceneinsatz
• Risikoübernahme
• Funktionsausübung
• Rechnungslegungspraktiken sowie unternehmensspezifische Faktoren</td></tr>
<tr><td colspan="2">Transaktionsbezogene Nettomargenmethode (TNMM)</td><td>Geschäftsfall-bezogener Betriebs-gewinn</td><td>• Ressourceneinsatz
• Risikoübernahme
• Funktionsausübung
• Rechnungslegungspraktiken sowie unternehmensspezifische Faktoren</td></tr>
<tr><td rowspan="2">Gewinn-aufteilungs-methode (PSM)</td><td>Vergleich-bare Gewinn-aufteilung</td><td>Gewinn-aufteilung</td><td>• Ressourceneinsatz
• Risikoübernahme
• Funktionsausübung
• Vertragsbedingungen</td></tr>
<tr><td>Rest-gewinn-methode</td><td>Gewinn-aufteilung (für die erste Stufe)</td><td>• Ressourceneinsatz
• Risikoübernahme
• Funktionsausübung
• Relative Wertbeiträge, für die keine Marktdaten vorliegen</td></tr>
</table>

Quelle: Eigene Darstellung in Anlehnung an: ROSENBERG u. a., CBTM 2003, Vol. 5, December, S. 10.

2.4. Ausgewählte Verrechnungspreisvorschriften Deutschlands und der USA

Neben der übereinstimmenden Anerkennung des Fremdvergleichsgrundsatzes bestehen in der Ausgestaltung der nationalen Verrechnungspreisvorschriften Deutschlands und der USA einige wesentliche Abweichungen. Nachfolgend werden daher die Grundzüge der jeweiligen Rechtsquellen erörtert. Die Analyse ist auf die in beiden Staaten jeweils anerkannten Verrechnungspreismethoden samt deren Rangfolge sowie auf die sog. Bandbreite fremdvergleichskonformer Verrechnungspreise begrenzt.

2.4.1. Anerkannte Verrechnungspreismethoden und deren Rangfolge

Nach Erlass des Bundesfinanzministeriums (BMF) vom 12.4.2005, den sog. „Verwaltungsgrundsätze-Verfahren“[131] (nachfolgend „VG-Verfahren“), ist die Verwendung der drei transaktionsbezogenen Standardmethoden generell in Betracht zu ziehen.[132] Liegen die für die Anwendung der Standardmethoden benötigten Fremdvergleichsdaten nicht oder nur unzureichend vor, ist die Anwendung der TNMM (unter dem Vorbehalt einer Neuregelung der Bestimmungen zur Anwendung der Verrechnungspreismethoden) ebenfalls zulässig.[133] Dabei sind nach Auffassung der Finanzverwaltung neben der Nicht-Anwendbarkeit der Standardmethoden weitere Anwendungsvoraussetzungen durch die beteiligten Unternehmen zu erfüllen.[134] Nach Tz. 3.4.10.3. Buchst. c VG-Verfahren kann die PSM anwendbar sein, wenn die Standardmethoden nicht oder nicht verlässlich herangezogen werden können, weil sich die weiterzubelastenden Transaktionen bspw. nicht als einzeln abgrenzbare Geschäfte verrechnen lassen.[135]

Mit der nunmehr formulierten Anwendbarkeit der TNMM und der PSM in Ausnahmefällen vollzieht das BMF entgegen der früheren Haltung[136] eine klare Hinwendung zu den gewinnbezogenen Verrechnungspreismethoden.[137] Dagegen ist die CPM nach wie vor nicht anzuwenden, da die Finanzverwaltung diese Methode aufgrund ihres fehlenden Transaktionsbezuges nicht in Einklang mit dem Fremdvergleichsgrundsatz sieht.[138]

---

[131] BMF-Schreiben vom 12.4.2005, IV B 4 – S 1341 – 1/05, BStBl. 2005 I, S. 570 ff.

[132] Vgl. Tz. 3.4.10.3 Buchst. a VG-Verfahren.

[133] Vgl. Tz. 3.4.10.3 Buchst. b VG-Verfahren.

[134] Siehe hierzu Abschnitt 4.5.2.

[135] Dies ist z. B. bei Geschäften in Form des sog. Global Trading der Fall Vgl. hierzu ausführlich PORTNER, IStR 1995, S. 356 ff.

[136] Nach früherer Auffassung des BMF waren die TNMM und die PSM nur für Zwecke der Schätzung oder Verprobung anwendbar. Vgl. o. V., IStR 1995, S. 385.

[137] Vgl. BAUMHOFF/DITZ/GREINERT, DStR 2005, S. 1556.

[138] Vgl. Tz. 3.4.10.3. Buchst. d VG-Verfahren.

Aus der Nachrangigkeit der TNMM und der PSM ist eine eindeutige Bevorzugung der transaktionsbezogenen Standardmethoden abzuleiten.[139] Der Vorrang der Standardmethoden wird durch § 1 Abs. 3 Satz 1 AStG n. F. für die Fälle der uneingeschränkten Vergleichbarkeit der Fremdvergleichswerte[140] bestätigt. Damit erfolgt die Kodifizierung des Vorrangs der Standard- gegenüber den Gewinnmethoden als nachträgliche Klarstellung der bisherigen Auffassung des BMF.[141]

Zwischen den Standardmethoden selbst besteht keine allgemein gültige Rangfolge,[142] ebenso sieht der BFH die Standardmethoden gleichberechtigt nebeneinander. Danach ist im Einzelfall stets diejenige Methode auszuwählen, mit deren Hilfe der angemessene Fremdvergleichspreis „[...] mit der größtmöglichen Wahrscheinlichkeit seiner Richtigkeit ermittelt werden kann."[143] Die VG-Verfahren enthalten eine dieser BFH-Ansicht entsprechende Passage. So ist die Methodenwahl in Zweifelsfällen unter Berücksichtigung der verfügbaren Vergleichsdaten derart vorzunehmen, dass die Fremdvergleichswerte mit bestmöglicher Vergleichbarkeit und Zuverlässigkeit ausgestattet sind.[144]

Die US-Regulations erachten grundsätzlich alle in Temp. Reg. § 1.482-9T (a) genannten Verrechnungspreismethoden als zulässig. Dies sind neben der CUSP, der GSMM, der CSPM, der SCM, der CPM und der PSM ferner sog. Unspecified Methods. Mit Hilfe von Unspecified Methods kann die Fremdvergleichskonformität eines Verrechnungspreises verifiziert oder ggf. modifiziert werden. Dazu werden z. B. die Preise theoretisch denkbarer oder tatsächlich vorhandener Transaktionsalternativen herangezogen, um diese mit dem festgesetzten Verrechnungspreis zu vergleichen. Ergibt sich nach diesem Vergleich ein klares Missverhältnis zwischen dem Verrechnungspreis einerseits und dem am Markt erzielbaren Preis andererseits, kann es zu einer Anpassung bzw. Korrektur des Verrechnungspreises kommen.[145]

Innerhalb der sieben zu berücksichtigenden US-Verrechnungspreismethoden hat der Steuerpflichtige keine vorgegebene Reihenfolge zu beachten. Nach der sog. Best Method Rule ist diejenige Methode anzuwenden, die unter den gegebenen Verhältnissen das tatsächliche bzw.

---

[139] Vgl. WEHNERT, IStR 2005, S. 716.

[140] In Ermangelung konkretisierender Ausführungen seitens des Gesetzgebers ist für die Charakterisierung der uneingeschränkten Vergleichbarkeit auf Tz. 3.4.12.7 Buchst. a VG-Verfahren zurückzugreifen.

[141] Vgl. BÖDEFELD/KUNTSCHIK, in: BLUMENBERG/BENZ (2007), S. 244. Für grundlegende Zweifel an der Kodifizierung eines Methodenvorrangs vgl. BAUMHOFF/DITZ/GREINERT, DStR 2007, S. 1462; WASSERMEYER, DB 2007, S. 536.

[142] Vgl. Tz. 2.4.1. VGr. § 1 Abs. 3 AStG n. F. enthält keine Vorgaben zu einer etwaigen Rangfolge zwischen den Standardmethoden.

[143] BFH-Urteil vom 17.10.2001, I R 103/00, BStBl. 2004 II, S. 176.

[144] Vgl. Tz. 3.4.10.1 VG-Verfahren.

[145] Vgl. Temp. Reg. § 1.482-9T (h). Für das Verhältnis der Unspecified Methods zu den deutschen Verrechnungspreisregelungen siehe HIRSCH, TPTP 2005, Vol. 6, No. 10, S. 13.

hypothetische Fremdverhalten am verlässlichsten abbildet.[146] Entgegen dieser flexibel erscheinenden Regelung fordert die US-amerikanische Rechtsprechung, dass Standardmethoden (insbesondere die CUSP) nach Möglichkeit vorrangig anzuwenden sind.[147] Eine gewisse Nachrangigkeit ist dagegen den Unspecified Methods zuzusprechen, da diese hauptsächlich zur Überprüfung eines ermittelten Verrechnungspreises heranzuziehen sind.[148] Eine weitere Anmerkung ist zur Verwendung der SCM anzufügen. Werden die Voraussetzungen der SCM von einer bestimmten Dienstleistungstätigkeit erfüllt, erachten die US-Regulations diese Methode als die Best Method und sehen ihre Anwendung vor.[149] Diese Vorschrift ist jedoch nicht zwingender Natur. Dem Steuerpflichtigen steht vielmehr ein Wahlrecht zur Verfügung, betreffende Dienstleistungen zu ihrem Fremdpreis zu verrechnen.[150]

2.4.2. Bandbreite fremdvergleichskonformer Verrechnungspreise

Nach Rechtsprechung des BFH ist ein Verrechnungspreis einer Bandbreite fremdvergleichskonformer Verrechnungspreise zu entnehmen.[151] Damit anerkennt der BFH, dass aus der Berücksichtigung mehrerer Vergleichstransaktionen bzw. dem Vorhandensein mehrerer Vergleichsunternehmen im Regelfall nicht ein und derselbe Preis resultiert. Liegt eine solche Bandbreite zulässiger Fremdvergleichspreise vor, ist nach Auffassung des BFH der für den Steuerpflichtigen günstigste Vergleichswert anzusetzen.[152] Dieser Grundsatz beruht auf der Überlegung, dass die gesamte Bandbreite ausschließlich aus zulässigen Einzelwerten besteht, und somit jeder einzelne Verrechnungspreis aus der Bandbreite fremdvergleichskonform ist. Als mögliche Verrechnungspreise sind allerdings nur solche anzusetzen, die der Erzielung eines funktions- und risikoadäquaten Gewinns dienen und innerhalb eines überschaubaren Kalkulationszeitraumes einen angemessenen Totalgewinn entstehen lassen.[153]

Die US-Richtlinien gehen ebenfalls nicht von „dem" zulässigen Verrechnungspreis aus und erkennen eine Bandbreite fremdvergleichskonformer Verrechnungspreise an.[154] Liegt ein konzernintern festgelegter Verrechnungspreis innerhalb dieser sog. Arm's Length-Spanne, bestehen keine Zweifel an dessen Angemessenheit. Voraussetzung ist allerdings, dass die

---

146 Vgl. Reg. § 1.482-1 (c) (1).
147 Vgl. hierzu WRIGHT, ITPJ 2000, S. 200.
148 Vgl. CHUNG u. a., TMTR 2006, S. 313.
149 Vgl. Temp. Reg. § 1.482-9T (b) (1).
150 Vgl. BREEN, in: o. V, TMTR 2006, Vol. 15, No. 9, S. 340 f.
151 Vgl. BFH-Urteil vom 17.10.2001, I R 103/00, BStBl. 2004 II, S. 176; BFH-Urteil vom 6.4.2005, I R 22/04, BFH/NV 2005, S. 1720.
152 Vgl. ebd.
153 Vgl. BFH-Urteil vom 17.10.2001, I R 103/00, BStBl. 2004 II, S. 177; BFH-Urteil vom 6.4.2005, I R 22/04, BFH/NV 2005, S. 1721.
154 Vgl. Reg. § 1.482-1 (e) (1).

Preisspanne ausschließlich Fremdpreise vergleichbarer Transaktionen zwischen unverbundenen Geschäftspartnern enthält.[155] Ist diese Vergleichbarkeitsanforderung nicht erfüllt, wird die Arm's Length-Spanne zum Zwecke einer zuverlässigeren Abbildung des fremdüblichen Verhaltens um ihre unteren und oberen 25 % auf die verbleibenden mittleren 50 % der Werte (interquartile Bandbreite) reduziert.[156] Ist ein zu überprüfender Konzernverrechnungspreis außerhalb der Arm's Length-Spanne bzw. der interquartilen Bandbreite, ist eine Korrektur auf das arithmetische Mittel bzw. auf den Median der jeweiligen Menge erforderlich.[157]

Der deutsche Gesetzgeber hat im Rahmen des UntStRefG 2008 nunmehr eine zur US-amerikanischen Regelung analoge Einengung der Fremdvergleichsspanne im AStG eingefügt. Ist für sämtliche, die Bandbreite bildenden Fremdpreise eine uneingeschränkte Vergleichbarkeit i. S. der Tz. 3.4.12.7. Buchst. a VG-Verfahren nicht gegeben, soll die Bandbreite zwecks einer sinnvollen Verrechnungspreisfestsetzung mit Hilfe von Kontrollrechnungen, Plausibilitätsüberlegungen oder im letzten Schritt durch mathematische Verfahren eingeengt werden.[158] Als mathematisches Verfahren bevorzugt die Finanzverwaltung die Bildung einer interquartilen Bandbreite. Dieser Vorschlag missachtet allerdings indirekt die höchstrichterliche Rechtsauffassung, wonach bei Schätzungen die Anwendung von Mittelwertmethoden in Deutschland aufgrund fehlender Rechtsgrundlage abzulehnen ist, und daher eine derartige Bandbreitenverengung kritisch zu sehen ist.[159] Die Eliminierung von Ausreißerwerten ist darüber hinaus nach h. M.[160] ökonomisch nicht nachvollziehbar und kann die Qualität der fremdvergleichskonformen Bandbreite allenfalls im eher theoretischen Fall normalverteilter Vergleichswerte erhöhen.

Weiterhin regelt § 1 Abs. 3 Satz 4 AStG n. F., dass in den Fällen, in denen der vom Steuerpflichtigen angesetzte Verrechnungspreis außerhalb der fremdvergleichskonformen Bandbreiten (bei uneingeschränkter Vergleichbarkeit der Fremdvergleichswerte) bzw. außerhalb der eingeengten Bandbreite (bei eingeschränkter Vergleichbarkeit der Fremdvergleichswerte) liegt, eine Korrektur auf den Median der jeweiligen Preisspanne vorzunehmen ist. Diese Vorschrift wird dadurch begründet, dass die freie Auswahlmöglichkeit eines beliebigen Bandbrei-

---

[155] Vgl. Reg. § 1.482-1 (e) (2) (ii).

[156] Vgl. Reg. § 1.482-1 (e) (2) (iii) (B). Obwohl die US-Regulations nur auf die interquartile Bandbreite eingehen, steht es dem Steuerpflichtigen frei, andere statistische Verfahren anzuwenden.

[157] Vgl. Reg. § 1.482-1 (e) (3).

[158] Vgl. § 1 Abs. 3 Satz 3 AStG n. F. i. V. m. Tz. 3.4.12.5 Buchst. b-d VG-Verfahren. Im Umkehrschluss folgt hieraus, dass bei uneingeschränkter Vergleichbarkeit der Fremdvergleichswerte keine Bandbreiteneinengung vorzunehmen ist.

[159] Vgl. BFH-Urteil vom 17.10.2001, I R 103/00, BStBl. 2004 II, S. 176. Dazu auch BAUMHOFF/DITZ/GREINERT, IStR 2005, S. 593; WERRA, IStR 2005, S. 21.

[160] Vgl. SCHEFFLER, ZfbF 1991, S. 475; BAUMHOFF/DITZ/GREINERT, DStR 2005, S. 1555 f.; WERRA, IStR 2005, S. 21.

tenwertes zu ungerechtfertigten Minderungen des deutschen Besteuerungssubstrats führen könne.[161] Unverständlicherweise widersetzt sich der Gesetzgeber mit dieser Regelung sowohl dem Fremdvergleichsgrundsatz als auch die eingangs dieses Kapitels angeführte BFH-Rechtsprechung, nach deren Auslegung des Fremdvergleichsgrundsatzes sämtliche Preise einer Bandbreite fremdvergleichskonform sind. Im Ergebnis ergibt sich somit eine nicht vertretbare Ungleichbehandlung der Situationen, in denen ein ursprünglich außerhalb der jeweiligen Bandbreite festgesetzter Verrechnungspreis auf den Median korrigiert wird, gegenüber der sonst gewährten vollständigen Bandbreitenausschöpfung.[162]

2.4.3. Zusammenfassende Übersicht

Die wesentlichen deutschen und US-amerikanischen Regelungen zur Wahl und Rangfolge der jeweils verfügbaren Verrechnungspreismethoden sowie zur Bildung von Bandbreiten fremdvergleichskonformer Verrechnungspreise werden in Tabelle 2 zusammengefasst. Dabei ist festzuhalten, dass die US-amerikanische Best Method Rule Steuerpflichtigen bei der Auswahl einer anzuwendenden Verrechnungspreismethode zwar höhere Auswahlmöglichkeiten einräumt, in beiden Staaten aber eine vorrangige Anwendung der Standardmethoden bzw. der CUSP bevorzugt wird.[163] Auf der anderen Seite sieht die deutsche Finanzverwaltung gem. Tz. 3.4.10.1 VG-Verfahren vor, dass in Zweifelsfällen die Methodenwahl in Abhängigkeit der verfügbaren Vergleichsdaten erfolgen kann. Inwieweit diese Aussage, die als Annäherung an die Best Method Rule aufgefasst werden kann,[164] auch auf die rangmäßige Einordnung der TNMM und der PSM bezogen werden kann, wurde von der Finanzverwaltung bislang nicht präzisiert. Es erscheint denkbar, dass sich die zunehmende Öffnung des BMF gegenüber den Gewinnmethoden auch auf die Methodenrangfolge niederschlägt.

Die Ausführungen zur Bandbreite fremdvergleichskonformer Verrechnungspreise verdeutlichen, dass im Regelfall nicht ausschließlich identische Vergleichswerte vorliegen. Die weiteren Ausführungen zur Verrechnungspreisermittlung beziehen sich daher generell auf eine Bandbreitenermittlung.[165]

[161] Vgl. Begründung zum Entwurf eines Unternehmensteuerreformgesetzes 2008, BT-Drs. 16/4841 vom 27.3.2007, S. 85.

[162] Vgl. BAUMHOFF/DITZ/GREINERT, DStR 2007, S. 1464. Daneben bestehen gegenüber einer Korrektur auf den Median verfassungsrechtliche Bedenken. Siehe hierzu KROPPEN/RASCH/EIGELSHOVEN, IWB, Fach 3, Gruppe 1, S. 2226.

[163] Damit ist zugleich die Reihenfolge vorgegeben, die in Kapitel 4 zur Dienstleistungsverrechnung der Höhe nach zu Grunde gelegt wird. Die Anwendbarkeit der Unspecified Methods wird nicht näher untersucht.

[164] Vgl. SCHNORBERGER/BRODERSEN, TMTR 2005, Special Report „European Transfer Pricing Law and Developments“, Vol. 14, No. 10, S. 12.

[165] Eine weiterführende Berücksichtigung der Bandbreiteneinengung wird dagegen im Folgenden vernachlässigt.

Tabelle 2: Ausgewählte Verrechnungsvorschriften Deutschlands und der USA

Aspekt	Deutschland	USA
Fremd-vergleichs-grundsatz	Anerkannt als grundlegender Ermittlungsmaßstab	Anerkannt als grundlegender Ermittlungsmaßstab
Anerkannte Verrechnungs-preismethoden	• Preisvergleichsmethode (CUSP) • Wiederverkaufspreismethode (GSMM) • Kostenaufschlagsmethode (CSPM) • Transaktionsbezogene Nettomargenmethode (TNMM) bei nicht verfügbaren oder nur unzureichenden Fremdvergleichsdaten für die Anwendung der Standardmethoden • Gewinnaufteilungsmethode (PSM) bei fehlender oder nicht verlässlicher Anwendbarkeit der Standardmethoden	• Services Cost Method (SCM) • Preisvergleichsmethode (CUSP) • Wiederverkaufspreismethode (GSMM) • Kostenaufschlagsmethode (CSPM) • Gewinnvergleichsmethode (CPM) • Gewinnaufteilungsmethode (PSM) • Unspecified Methods
Methoden-rangfolge	• Standardmethoden vorrangig anzuwenden (innerhalb der drei Methoden besteht keine allgemein gültige Rangfolge) • Transaktionsbezogene Nettomargenmethode und Gewinnaufteilungsmethode nachrangig anzuwenden	• Nach der Best Method Rule stehen alle verfügbaren Methoden gleichberechtigt nebeneinander (bei Bevorzugung der CUSP durch die US-Rechtsprechung)
Bandbreite fremd-vergleichs-konformer Verrechnungspreise	• Fremdvergleichspreis besteht grundsätzlich aus einer Bandbreite mehrerer Preise und liegt nicht als ein exakter Preis vor	• Fremdvergleichspreis besteht grundsätzlich aus einer Bandbreite mehrerer Preise und liegt nicht als ein exakter Preis vor
Modifikation der Bandbreite	• Keine Modifikationen bei uneingeschränkter Vergleichbarkeit • Bei eingeschränkter Vergleichbarkeit Bandbreiteneinengung anhand von Kontrollrechnungen, Plausibilitätsüberlegungen und mathematischer Verfahren (z. B. interquartile Bandbreite)	• Keine Modifikationen bei uneingeschränkter Vergleichbarkeit • Bei eingeschränkter Vergleichbarkeit Bandbreiteneinengung durch Bildung der interquartilen Bandbreite oder anderen statistischen Verfahren
Auszu-wählender Bandbreiten-wert	• Ansatz des für den Steuerpflichtigen günstigsten Vergleichswertes bei uneingeschränkter Vergleichbarkeit • Korrektur auf den Median bei ursprünglicher Preisfestsetzung außerhalb der Bandbreite bzw. eingeengten Bandbreite	• Ansatz eines beliebigen Wertes der Arm's Length-Spanne • Korrektur auf das arithmetische Mittel bzw. den Median bei ursprünglicher Preisfestsetzung außerhalb der Arm's Length-Spanne bzw. der interquartilen Bandbreite

Quelle: Eigene Darstellung in Anlehnung an: BOOS/REHKUGLER, IStR 2002, S. 535 f.

3. Verrechnung konzerninterner Dienstleistungen dem Grunde nach aus Sicht Deutschlands und der USA

3.1. Übersicht

In internationalen Konzernen wird i. d. R. eine Vielzahl unterschiedlichster Dienstleistungen von der Muttergesellschaft und/oder einer zentralen Dienstleistungsgesellschaft und/oder eines sonstigen Gliedunternehmens erbracht. Das Spektrum der möglichen Dienstleistungen zwischen verbundenen Unternehmen kann entlang der gesamten Wertschöpfungskette eines Konzerns abgeleitet werden. Eine abschließende Aufzählung sämtlicher Dienstleistungserbringungen bzw. Dienstleistungskategorien erscheint damit unmöglich, da neben marktgängigen Dienstleistungen auch sog. konzernspezifische Dienstleistungen ausgeführt werden, welche ausschließlich auf konzernindividuelle Verhältnisse zugeschnitten sind.[166]

In einer groben Unterteilung sind zunächst konzerninterne Dienstleistungen administrativer, technischer und kaufmännischer Art sowie Finanzdienstleistungen zu differenzieren, die jeweils auch Management-, Koordinations- und Kontrollfunktionen beinhalten können.[167] Aus dieser ersten Einordnung ist ersichtlich, dass eine konkrete Dienstleistungserbringung aus unterschiedlichen Interessenlagen heraus erfolgen kann:[168]

- Dienstleistungserbringung zur Erfüllung von Aufgaben, die durch die gesellschaftsrechtliche Verflechtung der Konzernunternehmen begründet sind und der Wahrnehmung der Gesellschafterfunktion dienen (Gesellschafteraufwand).[169]
- Dienstleistungserbringung zum Zwecke einer im betrieblichen Interesse des Leistungsempfängers liegenden Bedarfsdeckung (schuldrechtlicher Leistungsaustausch).
- Dienstleistungserbringung zum Zwecke einer im gemeinsamen Interesse mehrerer Leistungserbringer liegenden Bedarfsdeckung (Kostenumlage bzw. Cost Sharing nach dem Poolkonzept).[170]

Während betrieblich bedingte Dienstleistungen auf schuldrechtlicher Basis einen dem Grunde nach verrechenbaren Leistungsaustausch darstellen und mit einem Verrechnungspreis einzeln

---

[166] Vgl. BAUMHOFF, in: FLICK/WASSERMEYER/BAUMHOFF, Außensteuerrecht, § 1 AStG, Anm. 621.2. In der wirtschaftswissenschaftlichen Literatur sind dennoch umfangreiche Beispielkataloge vorzufinden. Vgl. z. B. ENGLER, in: VÖGELE/BORSTELL/ENGLER (2004), Kapitel O, Rn. 88.

[167] Vgl. OECD (2001), Tz. 7.2.

[168] Vgl. BECKER, IWB, Fach 3, Gruppe 2, S. 880.

[169] Auch als „Kontrollkosten“, „stewardship expenses“, „shareholder activities“ oder „control costs“ bezeichnet.

[170] Zur Kostenumlage siehe auch Abschnitt 4.1. und 4.2.

abgerechnet werden dürfen, ist für den Gesellschafteraufwand kein Leistungsentgelt in Rechnung zu stellen.[171]

Dienstleistungen, die zur gemeinsamen Leistungserstellung unter den Voraussetzungen des Poolkonzeptes erbracht werden, sind nicht als Leistungsaustausch zwischen den Poolmitgliedern zu qualifizieren.[172] Zur Beurteilung, ob die geleisteten Aufwendungen in die Kostenumlage einzubeziehen sind, wird allein das Verrechnungsverbot für gesellschaftsrechtlich begründete Dienstleistungsaufwendungen berücksichtigt.[173] Nach den US-Regulations sind bei der gemeinsamen Entwicklung immaterieller Vermögenswerte[174] durch mehrere Poolmitglieder nur diejenigen Kosten verrechenbar, die dem Entwicklungsbereich eindeutig zugeordnet werden können und damit der Erzielung eines aus der späteren Nutzung des immateriellen Wirtschaftsgutes resultierenden wirtschaftlichen Vorteils dienen.[175] Damit ist festzuhalten, dass die deutschen und US-amerikanischen Regelungen zur Verrechenbarkeit von Dienstleistungsaufwendungen bei Kostenumlageverfahren keine zusätzlichen Kriterien benennen und auf die dargestellte Unterscheidung in gesellschafts- und schuldrechtlich verursachte Leistungsbeziehungen zurückgreifen.

Die Erörterung der Dienstleistungsverrechnung dem Grunde nach ist daher von Bedeutung, wenn eine Konzerngesellschaft in ihrer Stellung als Gesellschafterin am Leistungsaustausch beteiligt ist, oder wenn Gesellschafteraufgaben im Auftrag der Muttergesellschaft durch ein Gliedunternehmen ausgeführt werden.[176] In diesen Fällen sind die nicht verrechenbaren Dienstleistungen von den verrechenbaren Dienstleistungen abzugrenzen. Aus Sicht des Fremdvergleichsgrundsatzes ist darauf abzustellen, ob ein unabhängiger Dritter eine konkrete Leistung unter vergleichbaren Bedingungen entgeltlich erworben oder selbst erbracht hätte. Da bei konzernspezifischen Dienstleistungen diese Vergleichsmöglichkeit nicht gegeben ist, beurteilen Deutschland und die USA die Verrechenbarkeit konzerninterner Dienstleistungen mit Hilfe konkretisierender Abgrenzungskriterien.

[171] Vgl. Tz. 6.1. VGr; GIANNATTASIO, ITPJ 1999, S. 110.
[172] Vgl. Tz. 1.4 VGrUml.
[173] Vgl. KAMINSKI, IWB, Fach 3, Gruppe 2, S. 902 f.
[174] Nach Reg. § 1.482-7 (a) (1) ist die Anwendung einer Cost Sharing-Vereinbarung nur im Falle der Entwicklung immaterieller Vermögenswerte zulässig.
[175] Vgl. Reg. § 1.482-7 (d) (1).
[176] Vgl. BAUMHOFF, in: FLICK/WASSERMEYER/BAUMHOFF, Außensteuerrecht, § 1 AStG, Anm. 632.

3.2. Verrechenbare und nicht verrechenbare Dienstleistungen

3.2.1. Abgrenzungskriterien

3.2.1.1. Betriebliche Veranlassung in Deutschland

Aus Sicht eines Dienstleistungserbringers können nur solche Dienstleistungen verrechnet werden und zur Erfassung von Erträgen führen, wenn für das Leistungsentgelt beim Leistungsempfänger ein steuerlicher Betriebsausgaben-Abzug zulässig ist.[177] Nach § 4 Abs. 4 EStG sind diejenigen Aufwendungen als abzugsfähige Betriebsausgaben zu qualifizieren, denen eine betriebliche Veranlassung zu Grunde liegt. Aufwendungen sind grundsätzlich dann betrieblich veranlasst, wenn sie objektiv mit dem Betrieb zusammenhängen und subjektiv dazu bestimmt sind, dem Betrieb zu dienen.[178] Damit ist die betriebliche Veranlassung im deutschen Steuerrecht nach h. M.[179] als das maßgebliche Abgrenzungskriterium für die Verrechnung konzerninterner Dienstleistungen dem Grunde nach anzusehen.

Vor diesem Hintergrund ist eine konzerninterne Dienstleistung immer dann verrechenbar, wenn die Leistungserbringung bei der empfangenden Konzerngesellschaft betrieblich veranlasst ist. Ist der Leistungsaustausch dagegen nicht beim Leistungsempfänger betrieblich veranlasst, ist davon auszugehen, dass die Dienstleistung im Interesse der Muttergesellschaft erfolgt und diese als leistende oder beauftragende Konzerngesellschaft auftritt. Eine Dienstleistungsverrechnung ist in diesem Fall ausgeschlossen.[180]

Im Einzelfall kann es schwierig sein, einen unmittelbaren wirtschaftlichen Zusammenhang zwischen einer Dienstleistung und dem Betrieb des Leistungsempfängers auszumachen. Dienstleistungserbringungen beruhen letztendlich auf der subjektiven Entscheidung des Steuerpflichtigen.[181] Liegt nach dessen Erwägung eine betriebliche Veranlassung vor, sind die objektiv betrachtet nur mittelbar mit dem Betrieb zusammenhängenden Aufwendungen dennoch als Betriebsausgaben abziehbar und rechtfertigen somit eine Dienstleistungsverrechnung. Es sollte allerdings sichergestellt sein, dass die subjektiven Einschätzungen des ordentlichen Geschäftsleiters auf die Erzielung eines möglichen wirtschaftlichen Vorteils ausgerichtet sind.[182]

---

177 Vgl. BAUMHOFF, in: MÖSSNER u. a. (2005), Rz. C 406.

178 Vgl. BFH-Urteil vom 17.6.1999, III R 37/98, BStBl. 1999 II, S. 601.

179 Vgl. Tz. 1.4.1. VGr; ENGLER, in: VÖGELE/BORSTELL/ENGLER (2004), Kapitel O, Rn. 57; BAUMHOFF, in: MÖSSNER u. a. (2005), Rz. C 406.

180 Vgl. ENGLER, in: VÖGELE/BORSTELL/ENGLER (2004), Kapitel O, Rn. 57.

181 Vgl. STAPPERFEND, in: HERRMANN/HEUER/RAUPACH, Einkommensteuer- und Körperschaftsteuergesetz, § 4 EStG, Anm. 808.

182 Vgl. BAUMHOFF, in: MÖSSNER u. a. (2005), Rz. C 407.

Obwohl das betriebliche Veranlassungsprinzip als Abgrenzungskriterium für die Verrechenbarkeit konzerninterner Dienstleistungen nach h. M.[183] ein für sich gesehen geeignetes Instrument darstellt, sind nach Auffassung der Finanzverwaltung zusätzliche Voraussetzungen zu erfüllen. Nach Tz. 6.2.2. und 6.2.3. VGr ist eine Dienstleistung nur insoweit verrechenbar, als sie

- eindeutig abgrenzbar und messbar ist,
- im Interesse des empfangenden Unternehmens erbracht wird und
- tatsächlich erbracht wird.

Die Forderung nach Abgrenzbarkeit und Messbarkeit kann im Bereich der Dienstleistungen zu Schwierigkeiten führen. Aufgrund des immateriellen Charakters einer Dienstleistung ist dieses Kriterium in Einzelfällen nur bedingt zu erfüllen, so dass eine allzu enge Auslegung dieser steuerrechtlichen Anforderung verneint werden muss.[184] Der zweitgenannten Voraussetzung wird entsprochen, wenn die Inanspruchnahme einer Dienstleistung einen Vorteil erwarten lässt und eigene Kosten erspart.[185] Aus dem Erfordernis der tatsächlichen Leistungsausführung folgt, dass das bloße Angebot einer Dienstleistungserbringung nicht verrechnet werden kann.[186]

3.2.1.2. Benefit Test in den USA

Die US-amerikanischen Verrechnungspreisvorschriften erachten konzerninterne Dienstleistungen als verrechenbar, wenn diese nach dem sog. Benefit Test entweder zum gemeinsamen Nutzen einer Gruppe verbundener Unternehmen oder zum ausschließlichen Nutzen eines einzelnen Dienstleistungsempfängers erbracht werden.[187] Ziel dieser Regelung ist eine angemessene Leistungsvergütung, die dem relativen Nutzen des Dienstleistungsempfängers verhältnismäßig entspricht. Sämtliche im Leistungserbringungszeitpunkt bekannten Tatsachen sind dahingehend zu würdigen, ob ein wirtschaftlicher Nutzen zu erwarten ist bzw. eintreten kann

[183] Vgl. SCHEFFLER, ZfbF 1991, S. 477; ENGLER, in: VÖGELE/BORSTELL/ENGLER (2004), Kapitel O, Rn. 60; JACOBS (2007), S. 734.

[184] Vgl. BECKER, in: KROPPEN, Handbuch Internationale Verrechnungspreise, Bd. I, Verwaltungsgrundsätze zur Einkunftsabgrenzung (Erläuterungen), Tz. 6.2.2.

[185] Vgl. Tz. 6.2.2. VGr. Zudem fordert Tz. 6.2.2. VGr, dass die empfangende Konzerngesellschaft die Dienstleistung auch als unabhängiges Unternehmen unter Berücksichtigung ihrer eigenen Verhältnisse nachgefragt hätte.

[186] Zu dieser letzten Voraussetzung siehe auch Abschnitt 3.4.1.

[187] Vgl. Temp. Reg. § 1.482-9T (l) (1).

(sog. Proximate and Direct Standard).[188] Dem Richtlinientext folgend ist von einer Nutzenerbringung auszugehen, wenn die Dienstleistungsausführung unmittelbar zu einem erkennbaren ökonomischen Wertzuwachs führt, der die wirtschaftliche Position des Leistungsempfängers verbessert bzw. dies erwarten lässt.[189] Zur Beurteilung dieser Frage ist darauf abzustellen, ob ein fremder Dritter unter vergleichbaren Bedingungen zur Abgeltung der Dienstleistung bereit gewesen wäre oder die betreffende Leistung selbst erbracht hätte.[190]

Nach dem sog. Remote and Indirect Standard sind konzerninterne Dienstleistungen dagegen nicht verrechenbar, wenn für den Leistungsempfänger nur von einer indirekten oder unbedeutenden Nutzenerzielung ausgegangen werden kann.[191] Die Voraussetzungen des Remote and Indirect Standard sind erfüllt, wenn ein unabhängiger Dritter in einer vergleichbaren Situation als eventueller Leistungsempfänger nicht dazu bereit gewesen wäre, finanzielle Mittel für die Erbringung der zu beurteilenden Dienstleistung aufzuwenden bzw. die Dienstleistung eigenständig auszuführen.

Ferner sind konzerninterne Dienstleistungen aus US-amerikanischer Sicht nicht verrechenbar, wenn es sich bei der Dienstleistung um eine nochmalige (doppelte) Leistungserbringung handelt, welche das empfangende Konzernunternehmen bereits selbst erbracht hat oder möglicherweise selbst erbringen wird.[192] Nach früherer Auffassung des IRS waren die Kosten erneuter Dienstleistungserbringungen ausnahmslos unter dem nicht verrechenbaren Gesellschafteraufwand der Muttergesellschaft zu subsumieren.[193] Dieser Auffassung lag der Gedanke zu Grunde, dass es sich bei doppelt erbrachten Dienstleistungen regelmäßig um Überwachungs- bzw. Kontrolltätigkeiten handelt, deren (zu erwartender) Nutzen unmittelbar der Konzernobergesellschaft zuzuordnen ist.[194] Entgegen des früheren Verrechnungsverbotes ermöglichen die US-Regulations nunmehr eine Verrechnung doppelter Dienstleistungserbrin-

---

188 Zur Ableitung des „Proximate and Direct Standard" vgl. IRS, Technical Advice Memorandum vom 24.9.1987, Private Letter Ruling 8806002, abrufbar unter http://www.legalbitstream.com. Ein Technical Advice Memorandum (TAM) beinhaltet die Auffassung des IRS zu einem konkreten Sachverhalts. Im Verhältnis zu den Steuerrichtlinien ist ein TAM von nachrangiger Bedeutung. Enthält ein TAM zu einzelnen Sachverhalten allerdings nähere Hinweise, die den Richtlinien nicht zu entnehmen sind, können sie als zusätzliches Hilfsmittel herangezogen werden.

189 Vgl. Temp. Reg. § 1.482-9T (l) (3) (i).

190 Vgl. ebd. Für einen Vergleich zwischen dem Benefit Test in der Fassung der Temporary Regulations und der bis zum 31.12.2006 geltenden Konzeption vgl. HIGINBOTHAM/HARSHBARGER, TMTR 2006, Vol. 15, No. 12, S. 477 ff.

191 Vgl. Temp. Reg. § 1.482-9T (l) (3) (ii).

192 Vgl. Temp. Reg. § 1.482-9T (l) (3) (iii).

193 Vgl. IRS (1987), TAM, Private Letter Ruling 8806002.

194 Vgl. KIRSCHENBAUM, JIT 2003, Dec, S. 13.

gungen in den Fällen, in denen die nochmalige Dienstleistung einen zusätzlichen eigenständigen Nutzen mit sich bringt.[195]

3.2.1.3. Beurteilung der Abgrenzungskriterien unter besonderer Berücksichtigung möglicher Doppelbesteuerungsrisiken

Das in Deutschland geltende Abgrenzungskriterium der betrieblichen Veranlassung orientiert sich an der Frage, welche konkrete Konzernunternehmung für die Verursachung des Dienstleistungsaufwands verantwortlich ist. Kann eine betriebliche Veranlassung bei einem verbundenen Unternehmen festgestellt werden, erfolgt die Dienstleistungserbringung zur Erfüllung dieses betrieblich bedingten Bedarfs bzw. Interesses. Ebenso wird mit dieser Leistungsausführung die Erzielung eines sich anschließend einstellenden wirtschaftlichen Nutzens angestrebt sein. Die betriebliche Veranlassung ist allerdings der übergeordnete Zweck der Dienstleistungserbringung und stellt somit ein erfolgsunabhängiges Abgrenzungskriterium dar.[196] Einem (möglichen) resultierenden Nutzen kommt dagegen nur der Rang eines Hilfskriteriums hinzu.[197]

Der US-amerikanische Benefit Test stellt in seinem neuen Wortlaut allein darauf ab, ob die Erbringung einer konzerninternen Dienstleistung zu einer Verbesserung der wirtschaftlichen Lage des Leistungsempfängers beiträgt. Die geforderte Beurteilung, ob ein unabhängiger Dritter in einem konkret zu beurteilenden Sachverhalt zu einer Leistungsabgeltung oder einer eigenständigen Leistungserbringung bereit gewesen wäre, kann als konkretisierendes Entscheidungskriterium angesehen werden. Der IRS vertritt damit im Gegensatz zu der früher befürworteten „General Benefit Theory", nach der die Verrechnung einer Dienstleistung auch im Falle einer nur mittelbaren Nutzenerbringung zu erfolgen hatte, nun die Auffassung, dass die Verrechenbarkeit einer konzerninternen Dienstleistung nur im Falle eines erwarteten spezifischen Nutzenzuflusses beim Leistungsempfänger gegeben ist.[198] Nach dem deutschen Abgrenzungskriterium der betrieblichen Veranlassung ist die Voraussetzung der wirtschaftlichen Nutzenerzielung lediglich als Hilfskriterium einzustufen, da die Begrifflichkeit inhaltlich dem geforderten betrieblichen Interesse bzw. der wirtschaftlichen Vorteilserlangung entspricht.[199] Die Tatsache, dass das primäre US-amerikanische Abgrenzungsmerkmal zugleich ein konkretisierendes Kriterium der betrieblichen Veranlassung darstellt, lässt den Unterschied zwischen

[195] Vgl. Temp. Reg. § 1.482-9T (l) (3) (iii).
[196] Vgl. BECKER, FR 1979, S. 522.
[197] Vgl. SCHEFFLER, ZfbF 1991, S. 477.
[198] Vgl. DEPARTMENT OF THE TREASURY/IRS, REG-146893-02/REG-115037-00, Explanation of Provisions, Section B.12.c.i., abgedruckt in: TMTR 2003, Vol. 12, No. 9, S. 371.
[199] Vgl. BAUMHOFF, in: SCHAUMBURG (1994), S. 33.

den beiden Abgrenzungskriterien als nicht wesentlich erscheinen.[200] Dennoch ist eine Abgrenzung nach der betrieblichen Veranlassung einerseits und nach einem zu erwartenden Nutzen andererseits nicht deckungsgleich.[201]

In diesem Zusammenhang ist anzufügen, dass eine Entscheidung über die Verrechenbarkeit einer Dienstleistung auf Basis des erwarteten Nutzens als Hauptkriterium in Einzelfällen zu unpräzisen und unsicheren Ergebnissen führen kann.[202] Die ursprünglich angenommene wirtschaftliche Vorteilserlangung ist gerade im Falle einer gegenläufigen Entwicklung im Nachhinein je nach Interessenlage einer beteiligten Finanzverwaltung verhältnismäßig einfach zu bestreiten oder zu bestätigen. Die betriebliche Veranlassung erscheint im Vergleich als das objektiviertere Verfahren zur Bestimmung der Verrechenbarkeit einer konzerninternen Dienstleistung.[203]

Die fehlende vollständige Übereinstimmung zwischen den beiden dargestellten Abgrenzungskriterien kann aus deutscher und US-amerikanischer Sicht zu Qualifikationskonflikten bei der Beurteilung der Verrechenbarkeit einer Dienstleistung führen. Qualifikationskonflikte können sich theoretisch immer dann ergeben, wenn die Sachverhaltsbeurteilungen der beteiligten Finanzverwaltungen nicht übereinstimmen.

[200] Das nach der deutschen Regelung zusätzlich heranzuziehende Hilfskriterium der Abgrenzbarkeit und Messbarkeit einer Dienstleistung kann im Rahmen einer vergleichenden Gesamtbetrachtung der betrieblichen Veranlassung und des Benefit Tests außer Acht gelassen werden, da es keine weiteren inhaltlichen Differenzen hervorbringt. So ist nach Reg. § 1.482-1 (f) (2) (i) (A) für jede Art von konzerninternen Transaktionen eine aggregierte Betrachtung mehrerer Geschäftsvorfälle nur dann zulässig, wenn dadurch ein zuverlässigerer Fremdvergleich möglich ist.

[201] Vgl. BECKER, FR 1979, S. 522.

[202] Vgl. BECKER, FR 1979, S. 523.

[203] Vgl. BECKER, in: KROPPEN, Handbuch Internationale Verrechnungspreise, Bd. I, Verwaltungsgrundsätze zur Einkunftsabgrenzung (Erläuterungen), Tz. 1.4.1.

Tabelle 3: Überblick über mögliche Qualifikationskonflikte bei der Dienstleistungsverrechnung dem Grunde nach aus Sicht Deutschlands und der USA

Sachverhalt	**Sachverhaltsbeurteilung durch die deutsche Finanzverwaltung**	**Sachverhaltsbeurteilung durch die US-amerikanische Finanzverwaltung**	**Qualifikationskonflikt**
Dienstleistungserbringer in den USA, Dienstleistungs empfänger in Deutschland	Betriebliche Veranlassung beim Leistungsempfänger	Zu erwartender wirtschaftlicher Nutzen beim Leistungsempfänger	Nein; bilaterale Anerkennung des Betriebsausgaben-Abzugs in Deutschland
	Betriebliche Veranlassung beim Leistungserbringer	Zu erwartender wirtschaftlicher Nutzen beim Leistungsempfänger	Ja; Nicht-Anerkennung und Korrektur des Betriebsausgaben-Abzugs in Deutschland; Doppelbesteuerung bei fehlender Gegenkorrektur in den USA
	Betriebliche Veranlassung beim Leistungsempfänger	Zu erwartender wirtschaftlicher Nutzen beim Leistungserbringer	Ja; Nicht-Anerkennung und Korrektur der Betriebseinnahme in den USA; Minderbesteuerung bei fehlender Gegenkorrektur in Deutschland
	Betriebliche Veranlassung beim Leistungserbringer	Zu erwartender wirtschaftlicher Nutzen beim Leistungserbringer	Nein; bilaterale Anerkennung des Betriebsausgaben-Abzugs in den USA
Dienstleistungserbringer in Deutschland, Dienstleistungsempfänger in den USA	Betriebliche Veranlassung beim Leistungsempfänger	Zu erwartender wirtschaftlicher Nutzen beim Leistungsempfänger	Nein; bilaterale Anerkennung des Betriebsausgaben-Abzugs in den USA
	Betriebliche Veranlassung beim Leistungsempfänger	Zu erwartender wirtschaftlicher Nutzen beim Leistungserbringer	Ja; Nicht-Anerkennung und Korrektur des Betriebsausgaben-Abzugs in den USA; Doppelbesteuerung bei fehlender Gegenkorrektur in Deutschland
	Betriebliche Veranlassung beim Leistungserbringer	Zu erwartender wirtschaftlicher Nutzen beim Leistungsempfänger	Ja; Nicht-Anerkennung und Korrektur der Betriebseinnahme in Deutschland; Minderbesteuerung bei fehlender Gegenkorrektur in den USA
	Betriebliche Veranlassung beim Leistungserbringer	Zu erwartender wirtschaftlicher Nutzen beim Leistungserbringer	Nein; bilaterale Anerkennung des Betriebsausgaben-Abzugs in Deutschland

Quelle: Eigene Darstellung.

Minderbesteuerungen sind zwar theoretisch denkbar, allerdings treten diese in Anbetracht der konkurrierenden nationalen Fiskalinteressen eher als praktischer Ausnahmefall auf.[204] Daher erscheinen in Tabelle 3 lediglich die beiden Konfliktkonstellationen von praktischer Relevanz, in denen ein Doppelbesteuerungsrisiko vorliegt. Dies ist zum einen der Fall, wenn eine konzerninterne Dienstleistung für das leistungsempfangende deutsche Konzernunternehmen aus US-Sicht einen spezifischen Nutzen erwarten lässt, bei diesem nach Auffassung der deutschen Finanzverwaltung allerdings nicht betrieblich veranlasst ist *(1. Alternative)*. Zum anderen besteht eine Doppelbesteuerungsgefahr, wenn eine Dienstleistungserbringung nach Einschätzung des deutschen Fiskus beim leistungsempfangenden US-Gliedunternehmen betrieblich veranlasst ist, nach Beurteilung der US-amerikanischen Steuerbehörde jedoch eine wirtschaftliche Nutzenerzielung beim Empfängerunternehmen nicht zu erwarten ist *(2. Alternative)*.

Beispiele für Fälle der *1. Alternative* resultieren insbesondere daraus, dass die Anwendung des betrieblichen Veranlassungskriteriums auf eine Konzernobergesellschaft zu einem in Deutschland weiter gefassten Umfang des nicht verrechenbaren Gesellschafteraufwands führt.[205] So sind z. B. Aufwendungen für allgemeine organisatorische Maßnahmen und Führungstätigkeiten der Konzernspitze den Gesamtkonzern betreffend eindeutig bei der Konzernmutter betrieblich veranlasst und nicht an die Tochtergesellschaften weiterzubelasten.[206] Gleichzeitig kann die Ausführung derartiger Leistungen aber zu einer klar feststellbaren Verbesserung der wirtschaftlichen Lage der Empfängerunternehmung führen und aus US-amerikanischer Sicht eine verrechenbare Dienstleistung darstellen.

Beispiel 1:[207]

Die Mitarbeiter der US-Muttergesellschaft X erarbeiten unter der Zielsetzung, Rentabilitätssteigerungen bei den Tochtergesellschaften von X zu erreichen, Maßnahmen zur Umstrukturierung des X-Konzerns. Die Durchführung einer der ausgearbeiteten Maßnahmen sieht umfangreiche Veränderungen der Management- und Managementvergütungsstrukturen bei der deutschen Tochterunternehmung Y vor. Die Durchführung dieser strukturellen Veränderungen lässt die Erhöhung der Ertragskraft des Gesamtkonzerns erwarten und dürfte damit als Wahrnehmung der Gesellschafterstellung anzusehen sein. Ebenso ist zu erwarten, dass Y durch eine gesteigerte Managementeffizienz von den Maßnahmen profitiert und dieser spezifische wirtschaftliche Nutzen nach Ansicht des IRS einer Verrechnung bedarf.

---

[204] Vgl. JACOBS (2007), S. 1334. Ökonomische Modellbetrachtungen belegen zudem den eher nur theoretischen Charakter einer Minderbesteuerung, da die nationalen Finanzverwaltungen eine Maximierung ihrer Steuereinnahmen anstreben. Vgl. hierzu MANSORI/WEICHENRIEDER, FA 2001, S. 1 ff. (insbesondere S. 5 f.). Die vorliegende Arbeit vernachlässigt eine Analyse der durch die vorteilhafte Nutzung von Qualifikationskonflikten erzielbaren Steuervorteile und ist stattdessen auf die Identifizierung von Doppelbesteuerungsrisiken ausgerichtet.

[205] Siehe hierzu Abschnitt 3.2.2.1.

[206] Vgl. Tz. 6.3.2. VGr.

[207] Vgl. Temp. Reg. § 1.482-9T (l) (5) Example 3.

Zur *2. Alternative* ist anzumerken, dass nach BFH-Rechtsprechung auch solche Aufwendungen betrieblich veranlasst sein können, die weder notwendig, üblich, zweckmäßig noch betrieblich erforderlich sind.[208] Das Schrifttum konkretisiert diese Aufzählung dahingehend, dass neben vergeblichen, ungewöhnlichen oder unsinnigen Aufwendungen auch unwirtschaftliche Leistungserbringungen betrieblich veranlasst sein können.[209] Wie bereits ausgeführt, ist das Vorliegen einer betrieblichen Veranlassung letztlich aus der subjektiven Sicht des Steuerpflichtigen bzw. des ordentlichen Geschäftsleiters zu bestimmen. Liegt nach dessen Einschätzung eine betriebliche Veranlassung für eine konkrete Dienstleistungserbringung vor, ist das leistungsempfangende Unternehmen folglich auch dazu bereit, die Dienstleistung zu vergüten bzw. selbst auszuführen. Eine objektivierte Sachverhaltsbeurteilung i. S. des Benefit Tests dürfte für einen unabhängigen Leistungsempfänger unter vergleichbaren Verhältnissen kein anderes Ergebnis hervorbringen.

Damit ist festzuhalten, dass die fehlende vollständige Übereinstimmung zwischen der betrieblichen Veranlassung und dem Benefit Test zu Qualifikationskonflikten im Bereich der gesellschaftsrechtlich bedingten Dienstleistungen führen kann. Nach dem deutschen Abgrenzungskriterium ist eine bestimmte Gruppe von Dienstleistungen bei der Konzernmuttergesellschaft betrieblich veranlasst. Nicht alle dieser in Erwägung zu ziehenden Tätigkeiten ergeben dagegen unter Berücksichtigung des US-amerikanischen Benefit Tests einen spezifischen wirtschaftlichen Nutzen beim leistungserbringenden Mutterunternehmen.

Neben dem voneinander abweichenden Umfang des Gesellschafteraufwands dürfte der Unterschied zwischen den beiden Abgrenzungskriterien kaum weitere Qualifikationskonflikte verursachen. Von eventuellen Ausnahmefällen abgesehen, dürfte die Entscheidung eines Steuerpflichtigen über die betriebliche Veranlassung mit der Zahlungs- oder Leistungsbereitschaft eines unabhängigen Leistungsempfängers gleichzusetzen sein. In diesem Zusammenhang ist zu berücksichtigen, dass dem US-amerikanischen Rechtskreis eine mit der deutschen Rechtsfigur des ordentlichen und gewissenhaften Geschäftsführers vergleichbare Figur nicht unbekannt ist. Zur Sicherstellung einer weitgehend objektivierten Abgrenzung und erhöhten Rechtssicherheit wäre es aus deutscher Sicht zu begrüßen, wenn sich eine solche Rechtsfigur

---

[208] Vgl. BFH-Urteil vom 9.10.1980, IV R 81/76, BStBl. 1981 II, S. 29; BFH-Urteil vom 28.11.1980, VI R 193/77, BStBl. 1981 II, S. 369.

[209] Vgl. STAPPERFEND, in: HERRMANN/HEUER/RAUPACH, Einkommensteuer- und Körperschaftsteuergesetz, § 4 EStG, Anm. 809. Nach BAUMHOFF greift an dieser Stelle der zivilrechtliche Grundsatz der Geschäftsführung ohne Auftrag. Vgl. BAUMHOFF, in: FLICK/WASSERMEYER/BAUMHOFF, Außensteuerrecht, § 1 AStG, Anm. 635.5.

ebenso im US-Steuerrecht etablieren würde. Dadurch könnte die bereits konstatierte Vereinbarkeit der deutschen Rechtsfigur mit dem US-Steuerrecht verstärkt werden.

Bezüglich der doppelten Dienstleistungserbringung fehlt es in den deutschen Verrechnungspreisregelungen zwar an einer der US-amerikanischen vergleichbaren klaren Vorschrift, nach dem Kriterium der betrieblichen Veranlassung kann jedoch eine weitgehend übereinstimmende Behandlung duplizierender Dienstleistungen im deutschen Steuerrecht angenommen werden.[210] Während die doppelte Berechnung gleichartiger Dienstleistungen generell kritisch zu sehen ist, sind Ausnahmefälle dennoch denkbar. Als Beispiel sind zusätzliche rechtliche Beratungsdienstleistungen (Erbringung einer zweiten Rechtsmeinung) zu nennen, die zur Vermeidung falscher Geschäftsentscheidungen erbracht werden und damit eindeutig betrieblich veranlasst sind.[211] Die US-Regulations enthalten in ihrer neuen Fassung entgegen des alten Richtlinientextes nunmehr ein Beispiel, welches ebenfalls die Verrechnung der Aufwendungen für die Erbringung zweiter Rechtsmeinungen zulässt.[212]

3.2.2. Nicht verrechenbare Dienstleistungen

3.2.2.1. Übersicht

Auf Basis der im vorherigen Abschnitt erläuterten Abgrenzungskriterien der betrieblichen Veranlassung und des erwarteten Nutzens wird zwischen verrechenbaren und nicht verrechenbaren Dienstleistungen unterschieden. Dienstleistungen, die nach der jeweiligen Abgrenzung als nicht verrechenbar eingestuft werden, sind bei der Konzernobergesellschaft betrieblich veranlasst bzw. erfolgen zu deren Nutzen. Bedingt durch die divergierende Vorgehensweise Deutschlands und der USA ergeben sich für die beiden Staaten voneinander abweichende Umfänge des Gesellschafteraufwands.

Allgemein hängt der Umfang des im internationalen Konzern erbrachten Gesellschafteraufwands unmittelbar von Art und Umfang der insgesamt erbrachten Konzerndienstleistungen ab. Letzteres wird dabei im Wesentlichen durch die organisatorische Konzernstruktur determiniert.[213] Liegt eine eher dezentrale Organisationsstruktur vor, ist der Tätigkeitsbereich der Konzernmutter vor allem auf die Verwaltung des Beteiligungsbesitzes an den Tochtergesellschaften (Monitoring) begrenzt. Ist der Konzernverbund hingegen zentralistisch aufgebaut, werden eine Reihe weiterer kaufmännischer Dienstleistungen wie z. B. Management-, Aus-

---

[210] Vgl. BAUMHOFF, in: FLICK/WASSERMEYER/BAUMHOFF, Außensteuerrecht, § 1 AStG, Anm. 635.5.
[211] Vgl. ebd.
[212] Vgl. Temp. Reg. § 1.482-9T (l) (5) Example 6. Damit entspricht die neue Richtlinienfassung der US-amerikanischen Literaturmeinung. Vgl. hierzu z. B. PRZYSUSKI, TPTP 2006, Vol. 7, No. 3, S. 13 f.
[213] Vgl. OECD (1987), S. 78.

und Fortbildungs- sowie Beratungsdienstleistungen von der Muttergesellschaft oder einer speziell für die Zwecke der Dienstleistungsausführung zwischengeschalteten Servicegesellschaft (sog. Dienstleistungsholding) übernommen.[214] Eine zentrale Dienstleistungserbringung auf einem dieser beiden Wege ist insbesondere in internationalen Konzernen eine gängige Handhabung.[215]

Bei der Frage, inwieweit der Aufwand für die neben dem Monitoring erbrachten Tätigkeiten in einem zentralistisch organisierten Konzern der Muttergesellschaft zugerechnet werden kann, bestehen zwei Argumentationsmöglichkeiten:[216]

- Einerseits können die einzelnen Gliedunternehmen des Konzerns als Träger der Ertragskraft angesehen werden. Der zentralen Dienstleistungserbringung der Muttergesellschaft kommt dabei, abgesehen von der Beteiligungsverwaltung, nur eine Unterstützungsfunktion hinzu, so dass diese Tätigkeiten an die Tochterunternehmen zu verrechnen sind (enge Auslegung des Begriffs „Gesellschafteraufwand").
- Andererseits ist festzustellen, dass die Erbringung verwaltungsbezogener Dienstleistungen oft nicht hinreichend sicher quantifiziert werden kann und folglich eine objektive Verrechnungsbasis nicht gegeben ist. Danach sollten jene Dienstleistungen, die einer solchen Charakterisierung entsprechen, nicht an Tochtergesellschaften weiterbelastet werden (weite Auslegung des Begriffs „Gesellschafteraufwand").

Bei unterstellter gesellschaftsrechtlicher Unabhängigkeit der leistungsempfangenden Unternehmung wäre eine Vielzahl von Dienstleistungserbringungen durch die Konzernobergesellschaft nicht erforderlich.[217] Das Gesellschaftsverhältnis der verbundenen Unternehmen ist somit ursächlich für die von der Konzernmutter auszuführenden verwaltungsbezogenen Dienstleistungen. Am deutschen Kriterium der betrieblichen Veranlassung, nach dem die durch den Betrieb der Muttergesellschaft verursachten Dienstleistungen nicht zu verrechnen sind, wird deutlich, dass die deutsche Finanzverwaltung eine weite Auslegung des Begriffs „Gesellschafteraufwand" vertritt.[218] Da eine Vielzahl gesellschaftsrechtlich begründeter Dienstleistungen ebenso wirtschaftliche Vorteilserlangungen beim Leistungsempfänger mit sich bringt, muss der Umfang des Gesellschafteraufwands nach dem Benefit Test geringer

[214] Zum Zwischenschalten einer Dienstleistungsholding und den damit verbundenen Gestaltungsmöglichkeiten und erzielbaren Vorteilen vgl. HINTZEN, DStR 1998, S. 1320 ff.
[215] Vgl. JACOBS (2007), S. 731.
[216] Vgl. OECD (1987), S. 86 f.
[217] Vgl. BAUMHOFF, in: MÖSSNER u. a. (2005), Rz. C 409.
[218] Vgl. KLEIN, DB 1984, S. 2053; ENGLER, in: VÖGELE/BORSTELL/ENGLER (2004), Kapitel O, Rn. 53.

ausfallen. Im TAM vom 24.9.1987 schließt sich der IRS dementsprechend der engen Auslegung des Begriffs „Gesellschafteraufwand" an.[219]

Die neuen US-Verrechnungspreisrichtlinien für Dienstleistungen enthalten erstmalig eine klare Aussage zum Gesellschafteraufwand und bestätigen die enge Auslegung dieser Begrifflichkeit.[220] Nach dem Wortlaut der US-Regulations ist eine Dienstleistungserbringung dann zum Gesellschafteraufwand zu zählen, wenn als einziges Resultat der Tätigkeitsausübung entweder der Schutz des Beteiligungsbesitzes des Leistungserbringers festzustellen ist, oder die Dienstleistungsausführung zwecks Erfüllung vom Leistungserbringer einzuhaltender gesetzlicher, rechtlicher oder behördlicher Anforderungen erfolgt.

3.2.2.2. Gesellschafteraufwand nach deutschem und US-amerikanischem Verständnis

Die unterschiedliche Auslegung des Begriffs „Gesellschafteraufwand" durch die deutschen und US-amerikanischen Steuerbehörden wird bei einer Betrachtung der in den erlassenen Rechtsauffassungen des BMF und des IRS genannten Beispiele für nicht verrechenbare Gesellschafteraufwendungen deutlich.[221] In Tabelle 4 werden die jeweils genannten Beispiele gegenübergestellt. Die Darstellung ist derart angelegt, dass ähnliche bzw. gleichlautende Tätigkeiten in derselben Zeile erscheinen. Bleibt ein Feld leer, ist der jeweiligen Tätigkeit kein Pendant zuzuordnen.

---

[219] Vgl. IRS (1987), TAM, Private Letter Ruling 8806002.

[220] Vgl. Temp. Reg. § 1.482-9T (l) (3) (iv).

[221] Für die Darstellung der aus US-amerikanischer Sicht relevanten Beispiele kann dabei sowohl auf die US-Regulations als auch das TAM vom 24.09.1987 zurückgegriffen werden, da die in dem TAM enthaltenen Beispiele dem Richtlinientext nicht widersprechen und somit zusätzliche Informationen liefern

Tabelle 4: Gesellschafteraufwand aus Sicht Deutschlands und der USA[222]

Zeile	Nicht verrechenbare Dienstleistungen nach Auffassung des BMF[223]	Nicht verrechenbare Dienstleistungen nach Auffassung des IRS[224]
1	• Tätigkeiten des Vorstands und Aufsichtsrates der Muttergesellschaft als solche sowie Durchführung von Gesellschafterversammlungen	• Durchführung von Gesellschafterversammlungen sowie das Berichtswesen und weitere rechtliche Tätigkeiten der Konzernmutter, die durch die Konzernzugehörigkeit der Tochtergesellschaft verursacht sind
2	• Tätigkeiten, die als Folge der Gesellschafterstellung der Muttergesellschaft erbracht werden, einschl. der allgemeinen Organisation sowie die der Konzernspitze dienende Kontrolle und Revision	• Überprüfung und Kontrolle der Tochtergesellschaften einschl. damit verbundener Reisekosten
3	• Schutz und Verwaltung der Beteiligungen	• Finanzierung und Refinanzierung des Beteiligungsbesitzes der Muttergesellschaft an den Tochtergesellschaften
4		• Tätigkeiten, die von der leistungsempfangenden Tochtergesellschaft bereits erbracht wurden; insbesondere Durchsicht und Überprüfung von Unterlagen
5	• Sog. Rückhalt im Konzern einschl. des Rechts, den Konzernnamen zu führen, sowie Vorteile, die sich allein aus der rechtlichen, finanziellen und organisatorischen Eingliederung in den Konzern ergeben	• Sog. Rückhalt im Konzern
6	• Rechtliche Organisation des Konzerns als ganzen sowie Produktions- und Investitionssteuerung des Gesamtkonzerns	• Restrukturierung bzw. Reorganisation des Konzerns unter bestimmten Voraussetzungen
7	• Konzernführung sowie durch die Konzernspitze erbrachte Führungsaufgaben nachgeordneter Unternehmen (darin sind Planungs-, Entscheidungs- und Koordinierungstätigkeiten enthalten)	

Quelle: Eigene Darstellung.

[222] Es ist anzumerken, dass die Abbildung keine abschließende Auflistung darstellt, sondern lediglich die in den jeweiligen Rechtsquellen explizit genannten Beispiele für nicht verrechenbare Dienstleistungen aufführt. Die Gruppierung ähnlicher Beispiele erfolgt demnach nur näherungsweise.

[223] Vgl. Tz. 6.3.2. VGr.

[224] Vgl. IRS (1987), TAM, Private Letter Ruling 8806002; Temp. Reg. § 1.482-9T (l) (3) (iv) und (v).

Tabelle 4 verdeutlicht den gegenüber der US-amerikanischen Rechtsauffassung weiter gefassten Umfang der nach den VGr nicht verrechenbaren Dienstleistungen. Aus der Gruppierung (annähernd) gleichartiger Tätigkeiten wird ersichtlich, dass innerhalb der verschiedenen Gruppen einzelne Abweichungen vorliegen. Daher ist die dargestellte Auflistung im Folgenden auf mögliche Qualifikationskonflikte zu untersuchen.[225]

3.2.2.3. Untersuchung der aus Sicht Deutschlands und der USA divergierenden Auslegung des Gesellschafteraufwands unter besonderer Berücksichtigung möglicher Doppelbesteuerungsrisiken

Bei den in *Zeile 1* enthaltenen Beispielen ist ersichtlich, dass Kosten für die Durchführung von Gesellschafterversammlungen sowohl nach den deutschen als auch US-amerikanischen Vorschriften übereinstimmend als Gesellschafteraufwand zu qualifizieren sind. Bei den von Vorstands- oder Aufsichtsratsmitgliedern erbrachten Tätigkeiten, welche nach Tz. 6.3.2. VGr nicht verrechenbar sind, sollte differenziert werden, inwiefern diese Dienstleistungen für die Konzernobergesellschaft oder direkt für eine der Tochtergesellschaften ausgeführt werden. Ein Verrechnungsverbot für sämtliche Dienstleistungen, die durch Vorstände oder Aufsichtsräte erbracht werden, erscheint steuerrechtlich nicht sinnhaltig.[226] Vielmehr ist zu identifizieren, welche Aufwendungen allein durch die gesellschaftsrechtliche Konzernstruktur begründet und demnach bei der Konzernobergesellschaft betrieblich veranlasst sind. Nach h. M.[227] sind dies die Kosten des Aufsichtsrats an sich sowie Kosten der Konzernleitung durch den Vorstand, wie z. B. die Entwicklung von Maßnahmen zur Risikostreuung oder die Gründung neuer Gesellschaften. Im Falle von Leitungstätigkeiten des Konzernvorstands ist anzufügen, dass eine Durchbrechung des Verrechnungsverbotes in Einzelfällen ebenso möglich sein kann.[228]

Unter die nach US-amerikanischer Auffassung nicht verrechenbaren Kosten, deren Entstehung auf der Verbundenheit der Konzerngesellschaften beruht, sind analog zur deutschen Regelung die Kosten des Aufsichtsrats einzuordnen.[229] Dagegen besteht für Vorstandstätigkeiten, die im Interesse einer Gliedgesellschaft erbracht werden, keine klar definierte US-Vorgehensweise. Während der IRS eine enge Auslegung des Begriffs „Gesellschafterauf-

[225] Das US-amerikanische Verrechnungsverbot für doppelte Dienstleistungserbringungen (Zeile 4) und die weitgehend übereinstimmende Vorgehensweise in Deutschland wurden bereits in Abschnitt 3.2.1.3. erörtert.

[226] Vgl. BECKER, in: KROPPEN, Handbuch Internationale Verrechnungspreise, Bd. I, Verwaltungsgrundsätze zur Einkunftsabgrenzung (Erläuterungen), Tz. 6.3.2.

[227] Vgl. JACOBS (2007), S. 735; BAUMHOFF, in: FLICK/WASSERMEYER/BAUMHOFF, Außensteuerrecht, § 1 AStG, Anm. 636.1.

[228] Vgl. ENGLER, in: VÖGELE/BORSTELL/ENGLER (2004), Kapitel O, Rn. 41.

[229] Vgl. IRS (1987), TAM, Private Letter Ruling 8806002.

wand" vertritt und dementsprechend (auch) im Interesse des Gliedunternehmens liegende Konzernmanagementtätigkeiten als verrechenbar erachtet, können nach Rechtsprechung des U.S. Tax Court (US-Bundesfinanzgericht) derartige Vorstandstätigkeiten in Einzelfällen als nicht verrechenbarer Gesellschafteraufwand qualifiziert werden.[230]

Als Ergebnis ist einerseits ein übereinstimmendes Verrechnungsverbot der Kosten für Gesellschafterversammlungen und des Aufsichtsrats nach deutschen und US-amerikanischen Verrechnungspreisvorschriften festzuhalten. Andererseits kann in Anbetracht der in beiden Staaten eher einzelfallabhängig erscheinenden Qualifizierung von Dienstleistungserbringungen im Rahmen der Konzernleitung lediglich auf mögliche Qualifikationskonflikte hingewiesen werden.[231]

Die in *Zeile 2* aufgeführten Beispiele betreffen in erster Linie Kontroll- und Überwachungstätigkeiten der Konzernmuttergesellschaft über die Geschäftsführung der Tochtergesellschaften. Allgemein lassen sich diese Tätigkeiten derart charakterisieren, dass durch ihre Ausführung keine direkte Unterstützung des operativen Geschäfts der Tochtergesellschaften stattfindet und es somit an einem Leistungsaustausch fehlt.[232] Als Beispiel ist in diesem Zusammenhang neben der Kontrolle des Rechnungswesens der Tochtergesellschaften und notwendiger Informationsbesuche von Vertretern der Konzernmutter[233] vor allem die im Interesse des Konzernvorstands liegende Innenrevision zu nennen.[234]

Der Vergleich mit den entsprechenden US-amerikanischen Normen zeigt, dass Aufwendungen für die Überwachung der Geschäftsführung der Tochtergesellschaften, einschließlich anfallender Reisekosten, ebenfalls nicht verrechenbar sind. Die US-Steuerrichtlinien legen zwar den Schwerpunkt auf die Kontrolle einzuhaltender rechtlicher Anforderungen. Darüber hinaus sind jedoch alle Überwachungstätigkeiten als nicht verrechenbar einzustufen, die dem Schutz der Beteiligungsinteressen der Muttergesellschaft dienen.[235] Im Gegensatz zu den VGr sind Aufwendungen für interne Revisionen der Muttergesellschaft an die verbundenen Unternehmen verrechenbar, da nach Einschätzung des IRS der aus einer Innenrevision resultierende Nutzen für die leistungsempfangende Tochterunternehmung höher ist als für die leistungs-

---

[230] Vgl. KIRSCHENBAUM u. a., JIT 2003, Dec, S. 13.

[231] Dies wäre dann der Fall, wenn die US-amerikanische Finanzverwaltung der Darlegung des IRS folgt und die deutsche Finanzverwaltung an der grundsätzlichen Regelung nach Tz. 6.3.2. VGr festhält.

[232] Vgl. OESTREICHER, IStR 2000, S. 760.

[233] Hiermit verbundene Reisekosten sind danach zu beurteilen, ob diese im Zusammenhang mit einer verrechenbaren oder nicht verrechenbaren Dienstleistung stehen. Im angesprochenen Beispiel zählen die Reisekosten damit ebenso zum nicht zu verrechnenden Gesellschafteraufwand. Vgl. JACOBS (2007), S. 740 f.

[234] Vgl. BAUMHOFF, in: FLICK/WASSERMEYER/BAUMHOFF, Außensteuerrecht, § 1 AStG, Anm. 636.3.

[235] Vgl. GIANNATTASIO, ITPJ 1999, S. 110.

erbringende Konzernmutter.[236] In Ausnahmefällen, in denen eine interne Revision auf ausdrückliches Verlangen der Mutterunternehmung erfolgt und diese Leistungserbringung gleichzeitig nach vernünftiger kaufmännischer Beurteilung nicht erforderlich gewesen wäre, sind die Kosten einer internen Revision dagegen bei der ausführenden Muttergesellschaft abzuziehen.[237]

In *Zeile 3* werden als nicht verrechenbare Dienstleistungen aus Sicht Deutschlands und der USA diejenigen Tätigkeiten einander gegenübergestellt, die in internationalen Konzernen typischerweise von sog. Finanzholdings erbracht werden.[238] Die deutsche Vorschrift ist dabei allein auf die Kosten des Monitorings reduziert, welche unabhängig von einer engen oder weiten Auslegung des Gesellschafteraufwands grundsätzlich nicht zu verrechnen sind. Das US-amerikanische Verrechnungsverbot betrifft dagegen solche Kosten, die im Rahmen der Finanzierung und Refinanzierung des Beteiligungsbesitzes der Muttergesellschaft an den Tochterunternehmen anfallen.[239] Diesen Kosten kann, wie den Kosten des Monitorings, eine ebenso klare betriebliche Veranlassung bei der Konzernmutter nachgewiesen werden. Dementsprechend sind mit dem Anteilsbesitz der Muttergesellschaft zusammenhängende Finanzierungs- und Refinanzierungsaufwendungen trotz der fehlenden Nennung in Tz. 6.3.2. VGr auch in Deutschland als nicht verrechenbarer Gesellschafteraufwand zu qualifizieren.[240]

Das in Tz. 6.3.2. VGr enthaltene Verrechnungsverbot für den Rückhalt im Konzern *(Zeile 5)* betrifft ausschließlich Vorteile, die einem Konzernunternehmen bei völliger Passivität der Konzernspitze allein aus der Konzernzugehörigkeit heraus erwachsen.[241] Diese passiven Konzernwirkungen[242] sind weder abgrenzbar noch messbar und demnach nicht als schuldrechtlicher Leistungsaustausch zwischen den Konzernunternehmen einzustufen.[243] Der Konzernrückhalt betrifft allerdings nur einen sehr eng begrenzten Kreis von Vorteilen, da jegliche Aktivität der Konzernobergesellschaft eine Durchbrechung des Verrechnungsverbotes bedingen kann. So ist z. B. eine Tochtergesellschaft für ihre allein aus der Konzernzugehörigkeit resultierenden günstigeren Einkaufskonditionen nicht zu einer Abgeltung dieses Vorteils heranzuziehen. Schließt die Muttergesellschaft dagegen einen im betrieblichen Interesse der Tochter-

236 Vgl. IRS (1987), TAM, Private Letter Ruling 8806002.
237 Vgl. ebd.
238 Vgl. HINTZEN, DStR 1998, S. 1320.
239 Anfallende Finanzierungs- oder Refinanzierungskosten sind z. B. in den Fällen des Erwerbs, der Veräußerung oder der Umschichtung des Beteiligungsbesitzes denkbar.
240 Vgl. JACOBS (2007), S. 736.
241 Vgl. BAUMHOFF, in: FLICK/WASSERMEYER/BAUMHOFF, Außensteuerrecht, § 1 AStG, Anm. 282.
242 Siehe Abschnitt 2.2.3.2.
243 Vgl. BECKER, in: KROPPEN, Handbuch Internationale Verrechnungspreise, Bd. I, Verwaltungsgrundsätze zur Einkunftsabgrenzung (Erläuterungen), Tz. 6.3.2.

gesellschaft liegenden Rahmeneinkaufsvertrag ab, kann eine entgeltliche Inanspruchnahme des Gliedunternehmens möglich sein.[244] Das Recht zur Führung des Konzernnamens gehört nach BFH-Rechtsprechung nur dann zum nicht verrechenbaren Konzernrückhalt, wenn der Konzernname nicht zugleich einen werthaltigen Markennamen darstellt, zu dessen unentgeltlicher Überlassung der Markenrechtsinhaber innerhalb des Konzernverbunds nicht verpflichtet werden kann.[245] Insofern besteht für die deutschen Steuerbehörden abweichend von Tz. 6.3.2. VGr die Möglichkeit, für die Überlassung eines Konzernnamens, dem gleichzeitig ein eigenständiger Wert als Markenname zukommt, Verrechnungspreise anzusetzen.[246]

Mit der Neufassung der US-Regulations für Dienstleistungen enthält das US-amerikanische Steuerrecht erstmalig eine ausdrückliche Regelung betreffend den Rückhalt im Konzern. Danach wird eine verrechenbare Nutzenerbringung für die Fälle ausgeschlossen, in denen die Nutzenerzielung eines verbundenen Unternehmens allein aus der Mitgliedschaft zum Konzernverbund resultiert.[247] Diese Vorschrift wird an einem Beispiel verdeutlicht.

Beispiel 2:[248]

A ist Muttergesellschaft des A-Konzerns, der sich seit 10 Jahren in der Informationstechnologie fest etabliert hat. Unternehmen B, das seit einem halben Jahr zum A-Konzern zugehört, schließt einen lukrativen Vertrag ab. Dabei handelt es sich für B um das größte Auftragsvolumen seiner Firmengeschichte. A hat in keiner Weise an den Vertragsverhandlungen oder am Vertragsabschluss mitgewirkt. B ist auch nicht durch die Marketingabteilung des A unterstützt worden.

Die Tatsache, dass einer Konzernunternehmung eine Auftragsgewinnung allein aufgrund dessen Konzernzugehörigkeit ermöglicht wird, rechtfertigt nicht, dass das Konzernunternehmen zu einer Abgeltung des erlangten Vorteils herangezogen werden kann. Trägt die Konzernmutter jedoch aktiv zur Erzielung des wirtschaftlichen Nutzens bei, stellt dies aus US-Sicht eine verrechenbare Dienstleistung dar.[249] Damit sehen die US-Regulations eine der deutschen Regelung entsprechende Behandlung des Konzernrückhalts vor.

Das Recht zur Führung des Konzernnamens wird in den US-Regulations für Dienstleistungen nicht angesprochen. Die in diesem Zusammenhang vorliegenden Rechtsentscheidungen befassen sich i. d. R. mit der Frage, welches Unternehmen als steuerlicher Eigentümer eines

---

[244] Vgl. JACOBS (2007), S. 736.

[245] Vgl. BFH-Urteil vom 9.8.2000, I R 12/99, BStBl. 2001 II, S. 142. Siehe hierzu ausführlich BORSTELL/WEHNERT, IStR 2001, S. 127 ff.

[246] Die Werthaltigkeit des Konzernnamens ist nach BFH-Auffassung dann gegeben, wenn der Konzernname dazu geeignet ist, zur Absatzförderung beizutragen. Die tatsächliche Erzielung einer Absatzsteigerung ist in diesem Zusammenhang von nachrangiger Bedeutung.

[247] Vgl. Temp. Reg. § 1.482-9T (l) (3) (v).

[248] Vgl. Temp. Reg. § 1.482-9T (l) (5) Example 15.

[249] Vgl. Temp. Reg. § 1.482-9T (l) (5) Example 16 und 17. In diesen Beispielen ist die Auftragsgewinnung einerseits auf die Übernahme einer Leistungsgarantie der Muttergesellschaft zurückzuführen, und andererseits dadurch begründet, dass die Muttergesellschaft als Initiator der Vertragsverhandlungen anzusehen ist.

Konzern- bzw. Markennamens zu sehen ist, und Lizenzgebühren zu vereinnahmen hat.[250] Die Tatsache, dass die Überlassung eines werthaltigen Markennamens den Ansatz einer Lizenzgebühr erfordert, ist dagegen unbestritten.[251] Ist der Konzernname zugleich eine werthaltige Marke, besteht unter Berücksichtigung der vorgestellten BFH-Rechtsprechung eine zu dieser Rechtsauffassung analoge Handhabung in den USA. Liegt hingegen keine Identität zwischen Konzern- und Markenname vor, ist das Auftreten von Besteuerungsproblemen theoretisch denkbar. Für solche Fälle bleibt herauszuarbeiten, welche sonstigen Gründe neben der Werthaltigkeit eines Konzernnamens aus Sicht des IRS die Zahlungsbereitschaft eines unabhängigen Dritten auslösen könnten, und eine Verrechnung der Überlassung des Konzernnamens entgegen der deutschen Auffassung rechtfertigen würden.

Die verbleibenden Sachverhalte in den *Zeilen 6 und 7* zeigen besonders die inhaltliche Ausgestaltung des in Deutschland weiter gezogenen Umfangs des Gesellschafteraufwands. Den nach den VGr nicht verrechenbaren Dienstleistungen steht lediglich das unter bestimmten Bedingungen geltende US-Verrechnungsverbot für Reorganisationsaufwendungen gegenüber. Die in den US-Regulations hierzu enthaltenen Beispiele lassen erkennen, welche konkreten Bedingungen eine Verrechenbarkeit ermöglichen können. Danach sind nur solche organisatorischen Maßnahmen nicht zu verrechnen, die sich ausschließlich auf den Schutz des Beteiligungsbesitzes der Muttergesellschaft an einer Tochtergesellschaft beziehen.[252] Sobald die Tätigkeiten aber direkt ein Gliedunternehmen betreffen (z. B. Erhöhung der Rentabilität, Optimierung der Produktionsabläufe), ist dieses an den Kosten zu beteiligen.[253] Inwieweit die US-Regulations mit dieser Vorschrift dem in Tz. 6.3.2. VGr enthaltenen Verrechnungsverbot für die rechtliche Organisation des Konzerns entsprechen, ist nicht eindeutig festzustellen. Folgt man der Ansicht, dass sich die deutsche Regelung eher auf Aufwendungen für den konzeptionellen und strategischen Entscheidungsprozess, und nicht auf die Kosten für die Umsetzung bzw. Durchführung der ermittelten Maßnahmen bezieht,[254] scheint dies nicht in Einklang mit der US-amerikanischen Vorschrift zu stehen. Denn aus US-Sicht greift das Verrechnungsverbot für Reorganisationsaufwendungen nur, wenn die Maßnahmen allein dem Schutz des Beteiligungsbesitzes der Konzernmutter dienen. Eine Aufteilung der gesamten Tätigkeit in einen konzeptionellen und operativen Anteil wird dagegen nicht verlangt. Aus US-Sicht ergibt sich somit unter Berücksichtigung des Remote and Indirect Standard eine der deutschen Auffas-

[250] Vgl. PRZYSUSKI/LALAPET/SWANEVELD, TNI 2004, Vol. 33, No. 3, S. 294 ff.
[251] Vgl. Reg. § 1.482-4 (b) (3).
[252] Vgl. Temp. Reg. § 1.482-9T (l) (5) Example 10 und 11.
[253] Vgl. Temp. Reg. § 1.482-9T (l) (5) Example 12.
[254] Vgl. BAUMHOFF, in: FLICK/WASSERMEYER/BAUMHOFF, Außensteuerrecht, § 1 AStG, Anm. 636.1.

sung widersprechende Verrechenbarkeit von Aufwendungen für organisatorische Entscheidungen, sofern die Umsetzung dieser Entscheidungen zu einem nicht nur unbedeutenden wirtschaftlichen Nutzen beim Leistungsempfänger führt.[255]

Den weiteren in *Zeile 6 und 7* aufgeführten nach deutschen Grundsätzen nicht zu verrechnenden Dienstleistungen steht kein US-amerikanisches Äquivalent gegenüber. Insofern kann aus Sicht Deutschlands und der USA mit diesen Tätigkeiten eine erhöhte Entstehungsgefahr von Besteuerungsproblemen verbunden werden. Allerdings gilt diese Aussage nur als vorläufiger Befund und ist zu relativieren. Hinsichtlich des Tätigkeitsfeldes der Produktions- und Investitionssteuerung des Gesamtkonzerns ist auf die vorstehenden Ausführungen zur rechtlichen Organisation des Gesamtkonzerns zu verweisen. Führt die durch die Konzernspitze übernommene Steuerung von Produktions- und Investitionsmaßnahmen zu unmittelbaren wirtschaftlichen Vorteilen bei einem der verbundenen Unternehmen, erscheint eine Weiterbelastung der Kosten an die betreffende Konzernunternehmung nach den US-Regulations möglich.

Aufwendungen für die Konzernführung sind nach deutscher Ansicht unbestritten bei der Konzernmutter betrieblich veranlasst.[256] Da die Zahlungsbereitschaft eines unabhängigen Dritten für diese Aufwendungen aufgrund seiner Unabhängigkeit ausgeschlossen werden kann, ist aus US-amerikanischer Sicht ebenso ein Verrechnungsverbot ersichtlich. Dies kann zudem dadurch belegt werden, dass die US-Regulations zur Konzernführung keine Stellung nehmen, laufende Managementleistungen (Day-to-Day-Management) der Konzernmutter bei einer Tochtergesellschaft aber aus dem Gesellschafteraufwand ausklammern und diese als verrechenbar erachten.[257] Entgegen der US-Verrechenbarkeit für das Day-to-Day-Management sieht Tz. 6.3.2. VGr ein Verrechnungsverbot für durch die Konzernspitze erbrachte Führungsaufgaben nachgeordneter Unternehmen (insbesondere Planungs-, Entscheidungs- und Koordinierungstätigkeiten) vor.[258] Obwohl die h. M.[259] dieser Regelung kritisch gegenübersteht, ist die Finanzverwaltung bislang nicht von ihrer Position abgewichen. Somit müssen

[255] Vgl. hierzu Temp. Reg. § 1.482-9T (l) (5) Example 2.

[256] Vgl. BECKER, in: KROPPEN, Handbuch Internationale Verrechnungspreise, Bd. I, Verwaltungsgrundsätze zur Einkunftsabgrenzung (Erläuterungen), Tz. 6.3.2.

[257] Vgl. Temp. Reg. § 1.482-9T (l) (3) (iv) i. V. m. Temp. Reg. § 1.482-9T (l) (5) Example 13.

[258] Dabei ist das Verrechnungsverbot nach Tz. 6.3.2. VGr auf diejenigen Führungstätigkeiten begrenzt, die der Vorbereitung, Durchsetzung und Kontrolle der von der Konzernspitze selbst zu erbringenden Führungsmaßnahmen dient.

[259] Vgl. ENGLER, in: VÖGELE/BORSTELL/ENGLER (2004), Kapitel O, Rn. 41; BECKER, in: KROPPEN, Handbuch Internationale Verrechnungspreise, Bd. I, Verwaltungsgrundsätze zur Einkunftsabgrenzung (Erläuterungen), Tz. 6.3.2. Bei der Aufzählung der nicht verrechenbaren Dienstleistungen verzichten einige Autoren konsequenterweise auf die Nennung dieses Verrechnungsverbotes. Vgl. z. B. JACOBS (2007), S. 735 ff.; BAUMHOFF, in: FLICK/WASSERMEYER/BAUMHOFF, Außensteuerrecht, § 1 AStG, Anm. 636.

Steuerpflichtige vor allem innerhalb dieses Tätigkeitsbereiches mit möglichen Qualifikationskonflikten und damit einhergehenden Doppelbesteuerungsrisiken rechnen.

3.2.3. Verrechenbare Dienstleistungen

3.2.3.1. Beispiele

Nach der Erörterung der nicht verrechenbaren Dienstleistungen wird im Folgenden auf die Gruppe der nach deutscher und US-amerikanischer Ansicht verrechenbaren Dienstleistungen eingegangen. Dabei handelt es sich um jene Leistungen, die als schuldrechtlicher Leistungsaustausch zwischen den Transaktionsteilnehmern zu charakterisieren und bei der leistungsempfangenden Konzernunternehmung betrieblich veranlasst sind bzw. die wirtschaftliche Stellung des Leistungsempfängers verbessern (oder dies erwarten lassen) und eine Zahlungs- oder Leistungsbereitschaft eines unabhängigen Dritten auslösen würden. Da das betriebliche Veranlassungskriterium für Dienstleistungserbringungen außerhalb des Gesellschafteraufwands im Wesentlichen mit der Abgrenzung nach dem US-amerikanischen Benefit Test übereinstimmt,[260] ist eine Analyse etwaiger Besteuerungsprobleme nicht erforderlich. Daher werden im Folgenden lediglich die in der Literatur[261] vorzufindenden Beispiele der aus Sicht Deutschlands und der USA unzweifelhaft verrechenbaren Dienstleistungen zu den nachstehenden Dienstleistungsarten zusammengefasst:

- Beratungsleistungen

  Beratungsleistungen, die von eigens gegründeten Dienstleistungsholdings oder Mitarbeitern der Konzernobergesellschaft erbracht werden, können in den unterschiedlichsten Bereichen erfolgen. Zu nennen sind insbesondere: Rechts-, Steuer-, Unternehmens-, EDV-, Patent-, Bau-, Versicherungs-, Labor- und betriebswirtschaftliche Beratung sowie Beratungsleistungen in Marketing-, Investitions-, Finanzierungs-, Personal- und Ingenieurangelegenheiten. Konkrete Tätigkeiten bestehen z. B. in der Beratung in allgemeinen rechtlichen und steuerlichen Fragen, der Beratung beim Abschluss von Versicherungen, der Entwicklung von (Standard-)Verträgen, der Durchführung betriebswirtschaftlicher Analysen und Unternehmensbewertungen oder der Unternehmensberatung an sich.

---

[260] Siehe Abschnitt 3.2.1.3.

[261] Vgl. Tz. 6.3.1. VGr; OECD (2001), Tz. 7.14 und 7.38 ff.; JOOS, in: GROTHERR (2003), S. 473; ENGLER, in: VÖGELE/BORSTELL/ENGLER (2004), Kapitel O, Rn. 88; BAUMHOFF, in: MÖSSNER u. a. (2005), Rz. C 410; CHUNG u. a., TMTR 2006, Vol. 15, No. 8, S. 313 f.; JACOBS (2007), S. 737 f.; BAUMHOFF, in: FLICK/WASSERMEYER/BAUMHOFF, Außensteuerrecht, § 1 AStG, Anm. 637.

- Unterstützende Dienstleistungen

  Im Vergleich zu Beratungsleistungen ist die Erbringung einer Unterstützungsleistung als Mitarbeit bzw. Hilfestellung (bis hin zur vollständigen Tätigkeitsübernahme) bei (unternehmens-)spezifischen Tätigkeitsausführungen zu sehen. Aus diesem Grund werden die unterstützenden Dienstleistungen und die Beratungsleistungen in der vorliegenden Analyse separat betrachtet. Hinsichtlich der Verrechenbarkeit von Unterstützungsleistungen ist daher zu betonen, dass diese betrieblich veranlasst sein müssen bzw. eine Zahlungs- oder Leistungsbereitschaft eines unabhängigen Dritten hervorrufen müssen.

  Beispiele für unterstützende Dienstleistungen sind in den Bereichen Finanz- und Rechnungswesen sowie Marketing und Vertrieb denkbar und bestehen u. a. in der Unterstützung von Buchhaltungsarbeiten, der Finanzplanung, der Kreditaufnahme, der Kostenrechnung, der Inventur, der Rechnungserstellung, der Produktplanung, der Erstellung von Etiketten und Gebrauchsanweisungen einschl. ihrer Übersetzung in verschiedene Sprachen, der Erstellung von Marktstudien, von Analysen über Markt- und Produktentwicklungen oder in der zeitlich begrenzten Überlassung von Arbeitskräften.

- Gewerbliche Dienstleistungen

  Zu den gewerblichen Dienstleistungen gehören z. B. Leistungen im Bereich des Transportwesens, der Informations- und Nachrichtenübermittlung, der Lagerhaltung, der Reinigung, der Wartung und Instandhaltung, der Bewachung und Sicherheit sowie Reparatur-, Garantie- und sonstige branchenübliche Kulanzleistungen.

  Als zusätzliche Voraussetzung für die Verrechenbarkeit gewerblicher Dienstleistungen (wie auch technischer Dienstleistungen[262]) ist zu berücksichtigen, dass die Tätigkeiten eindeutig als eigenständige Leistungen qualifiziert werden können und üblicherweise unter fremden Dritten als solche auch abgegolten werden.[263]

- Technische Dienstleistungen

  Hierunter fallen Leistungen, die im Zusammenhang mit der Lieferung materieller Güter, der Errichtung industrieller Anlagen oder auf Großbaustellen ausgeführt werden. Konkret sind bspw. das Projektmanagement, Architekten- und Ingenieurleistungen, Entwicklung und Durchführung von Qualitätskontrollen und Testverfahren, technische Einweisungen und Prüfungen sowie die Gutachtenerstellung zu nennen.

---

[262] Siehe hierzu den folgenden Aufzählungspunkt.

[263] Siehe hierzu auch Abschnitt 4.1.

- Verwaltungsbezogene Dienstleistungen (Managementleistungen)

  Managementleistungen sind nach Ansicht des BMF dem nicht verrechenbaren Gesellschafteraufwand zuzuordnen.[264] Eine Ausnahme liegt jedoch vor, wenn mit der Leistungserbringung eine Entlastung, Ergänzung oder Ersetzung der Organe des leistungsempfangenden Tochterunternehmens angestrebt ist. Gelingt es dem Steuerpflichtigen, die Erfüllung dieses Ausnahmetatbestandes nachzuweisen, besteht insoweit eine verminderte Besteuerungsproblematik, da dann eine Übereinstimmung mit der US-amerikanischen Behandlung des Day-to-Day-Managementaufwands vorliegt.

  Als Beispiele sind u. a. zu nennen: Die konkrete Investitions- und Finanzplanung, die Festlegung des Produktionsprogramms, die Erstellung von Marketingkonzepten, die interne Revision und Kontrolltätigkeiten oder Maßnahmen zur Produktions- und Absatzkoordinierung (Innenkoordination).

- Dienstleistungen im Bereich Personalwesen

  Bei den Dienstleistungen im Bereich des Personalwesens handelt es sich im Einzelnen um Tätigkeiten wie die Auswahl und Einstellung neuer Mitarbeiter, die Personalbetreuung, die Aus- und Fortbildung bzw. das Training der Mitarbeiter und die Ausarbeitung von Vergütungssystemen für die jeweiligen Konzernunternehmen.

- Finanzdienstleistungen[265]

  Hierzu gehören z. B. das zentrale Cash-Management, das Liquiditäts-, Devisen- und Risikomanagement, das Leasing oder das Factoring.

- Forschungs- und Entwicklungsleistungen

  Hierunter fallen Aufwendungen für die Grundlagenforschung, die Neu- und Weiterentwicklung von Produkten, die spezielle Produkt- und Anwendungsforschung, die Ermittlung von Produkt- oder Verfahrensalternativen sowie die Auftragsforschung.[266]

3.2.3.2. Verrechenbarkeit und Verrechnungspflicht

Für die im vorherigen Abschnitt angeführten, dem Grunde nach verrechenbaren Dienstleistungen, ergibt sich für deutsche und US-amerikanische Steuerpflichtige hinsichtlich der tatsächlichen Verrechnung dieser Dienstleistungen kein Wahlrecht. Ist die Verrechenbarkeit einer Dienstleistung unter Berücksichtigung des betrieblichen Veranlassungskriteriums gegeben, so muss diese Leistung an den Leistungsempfänger verrechnet werden. Andernfalls

[264] Siehe Abschnitt 3.2.2.3.
[265] Vgl. grundlegend NIEß, in: SCHAUMBURG (1994), S. 45 ff.
[266] Zur Verrechnung der Auftragsforschung dem Grunde nach siehe Abschnitt 2.1.2.2.

könnten die Aufwendungen nicht zum Abzug kommen, da gem. § 4 Abs. 4 EStG ein Betriebsausgaben-Abzug beim Leistungserbringer nicht möglich ist.[267] Ebenso kann die Verrechnungspflicht verrechenbarer Dienstleistungen direkt aus den nationalen Einkünftekorrekturnormen abgeleitet werden. Sowohl § 1 Abs. 1 AStG als auch Sec. 482 IRC verlangen (zur Vermeidung von Steuerumgehungen)[268] eine dem Drittverhalten entsprechende innerkonzernliche Leistungsabgeltung. Bei Nichteinhaltung dieser gesetzlichen Forderung sind die nationalen Finanzverwaltungen auf Basis der genannten Korrekturnormen ermächtigt, Einkünftekorrekturen außerhalb der Steuerbilanz anzusetzen.[269]

3.3. *Mischleistungen*

Bei den sog. Mischleistungen handelt es sich um Dienstleistungen, die sowohl der Konzernobergesellschaft als auch mindestens einer der Tochtergesellschaften wirtschaftliche Vorteile verschaffen, und daher im Interesse mehrerer Konzernunternehmen erbracht werden.[270] Zur Verrechnung von Mischleistungen sind die entstandenen Aufwendungen in einen verrechenbaren und einen nicht verrechenbaren Teil aufzuspalten. In der Praxis ist dieser Vorgang nicht immer mit der theoretisch erwünschten Präzision durchführbar und daher eher als eine Bildung von Kompromisslösungen zu sehen.[271] Diese Einschätzung wird dadurch untermauert, dass die deutschen Verrechnungspreisvorschriften keine konkreten Regelungen für eine Aufteilung von Mischleistungen vorgeben.

Die US-Regulations erkennen das mögliche Auftreten von Mischleistungen ausdrücklich an, ohne jedoch konkrete Abgrenzungsregelungen vorzugeben.[272] Daher kann an dieser Stelle auf das TAM vom 24.9.1987 zurückgegriffen werden.

Beispiel 3:[273]

Der Angestellte A der US-Muttergesellschaft X erstellt auf Verlangen der US-amerikanischen Börsenaufsichtsbehörde (SEC) einen Bericht über die Aktiva der ausländischen Tochtergesellschaft Y. Y benötigt einen nahezu identischen Bericht für ihre Vermögenssteuererklärung, die sie in ihrem Domizilstaat vorlegen muss. A arbeitet acht Stunden an der Erstellung des Berichts. Dabei ist er während dieser Zeit gleichermaßen für X und für Y tätig. Inwieweit die Tätigkeit des A an eine der beiden Gesellschaften verrechnet werden kann, ergibt sich nach dem Benefit Test.

Im vorliegenden Beispiel ist der Proximate and Direct Standard zunächst nicht eindeutig auf eine der beiden Gesellschaften anwendbar. In diesem Fall ist nach Auffassung des IRS der Zeitfaktor als maßgebliches Kriterium heranzuziehen. Ist der SEC-Bericht zeitlich vor der Vermögenssteuererklärung abzugeben, ist der durch A verur-

---

267 Vgl. ENGLER, in: VÖGELE/BORSTELL/ENGLER (2004), Kapitel O, Rn. 72.

268 So ausdrücklich Sec. 482 IRC.

269 In Deutschland wird die Mehrzahl der Einkünftekorrekturen allerdings auf Basis der verdeckten Gewinnausschüttung und der verdeckten Einlage durchgeführt. Hierzu, sowie zum Verhältnis dieser beiden Rechtsinstitute zu § 1 Abs. 1 AStG, vgl. WASSERMEYER, IStR 2001, S. 633 ff.

270 Vgl. JACOBS (2007), S. 738.

271 Vgl. BAUMHOFF, in: SCHAUMBURG (1994), S. 35.

272 Vgl. Temp. Reg. § 1.482-9T (l) (5) Example 1.

273 Vgl. IRS (1987), TAM, Private Letter Ruling 8806002.

sachte Aufwand nicht an Y verrechenbar, da der Nutzen aus der Tätigkeit des A wegen des früheren Abgabedatums unmittelbar bei X liegt. Y steht der Bericht im Weiteren zur Verfügung, ohne dass weitere Kosten verursacht werden. Wäre dagegen zunächst die Vermögenssteuererklärung von Y fällig und der SEC-Bericht erst später, so wären die Kosten der Berichterstellung an Y verrechenbar, da die Tätigkeit unmittelbar den von Y nachzukommenden Verpflichtungen dient. Eine anteilige Kostenverrechnung auf X und Y würde hingegen nur dann stattfinden, wenn sich die Fälligkeitsdaten des SEC-Berichtes und der Vermögenssteuererklärung zeitlich überschneiden würden und eine eindeutige Zuordnung nach dem Proximate and Direct Standard nicht möglich wäre.

Im dargestellten Beispiel ist der Dienstleistungsaufwand nach Ansicht des IRS bei der Gesellschaft abzugsfähig, die das Resultat der Dienstleistung zeitlich früher in Anspruch nimmt. Diese Vorgehensweise vermag aus deutscher Sicht nicht zu überzeugen, da die Dienstleistungserbringung sowohl bei der Mutter- als auch der Tochtergesellschaft gleichermaßen betrieblich veranlasst erscheint und nach deutschem Verständnis eine Kostenteilung als sachgerechte Lösung anzusehen wäre.[274] Damit wird deutlich, dass eine Kostenaufspaltung von Mischleistungen in verrechenbare und nicht verrechenbare Aufwendungen aus Sicht Deutschlands und der USA zu Besteuerungsproblemen führen kann.

3.4. Sonderfälle

In der wirtschaftswissenschaftlichen Literatur werden teilweise Sonderfälle bzw. Problembereiche der Dienstleistungsverrechnung diskutiert.[275] Bei diesen Dienstleistungstätigkeiten handelt es sich um Leistungen, deren Verrechenbarkeit in Abhängigkeit ihrer jeweiligen Ausgestaltung zu beurteilen ist. Hierzu wird exemplarisch die Erbringung von Koordinationsleistungen analysiert. Zuvor wird die sog. Leistungsbereitschaft auf Abruf erörtert, welche für sich genommen als eigenständige Dienstleistung anzusehen ist.

3.4.1. Leistungsbereitschaft auf Abruf

Entgegen des in Tz. 6.2.3. VGr enthaltenen Verrechnungsverbotes für das reine Angebot einer Dienstleistungserbringung ist die entgeltliche Inanspruchnahme eines Konzernunternehmens im Rahmen der Leistungsbereitschaft auf Abruf (On-call-Leistungen) möglich. Aufwendungen für die Bereitstellung bzw. das Vorhalten einer Dienstleistung auf Abruf sind an einen potenziellen Leistungsempfänger zu verrechnen, wenn bei diesem ein konkreter Bedarf denkbar ist und die Leistungsbereitschaft in einem angemessenen Umfang abgerufen wird.[276] Während ein konkreter Bedarf im Einzelfall mit Hilfe des betrieblichen Veranlassungskriteriums unproblematisch festzustellen sein wird, wirft die zweitgenannte Voraussetzung Probleme auf. So ist bspw. eine Leistungsbereitschaft zur Vorsorge von Notfällen vorstellbar, welche im

[274] Vgl. ENGLER, in: VÖGELE/BORSTELL/ENGLER (2004), Kapitel O, Rn. 78 f.

[275] Siehe z. B. BAUMHOFF, in: FLICK/WASSERMEYER/BAUMHOFF, Außensteuerrecht, § 1 AStG, Anm. 639 ff.

[276] Vgl. Tz. 6.3.1. VGr.

Idealfall bzw. im Regelfall nicht in Anspruch genommen werden muss. Wenn die damit verbundenen Bereitstellungskosten allerdings nur im Fall der Inanspruchnahme dem Grunde nach verrechenbar sein sollten, ist dies nicht sachgerecht.[277]

Das Fehlen einer speziellen Norm zu den On-call-Leistungen in den US-amerikanischen Verrechnungspreisvorschriften erscheint nicht problematisch, da unter Heranziehung des Benefit Tests eine Weiterbelastung der entstehenden Kosten geboten erscheint. Einem unabhängigen Dritten dürfte aus einer objektivierten Betrachtungsweise i. d. R. eine Zahlungsbereitschaft für On-call-Leistungen (einschl. der Notfallvorsorge) nachzuweisen sein. Ebenso dürfte das Vorhalten einer Leistungsbereitschaft auf Abruf dem Proximate and Direct Standard standhalten, da eine existierende Leistungsbereitschaft dem Steuerpflichtigen im Bedarfsfall ein schnelles und unkompliziertes Handeln ermöglicht. Inwieweit diese Überlegungen gegenüber der Finanzverwaltung jedoch praktisch umsetzbar sind, ist in besonderem Maße von der Sachverhaltsdokumentation des Steuerpflichtigen abhängig.[278] Sofern die deutsche Finanzverwaltung ihre Position beibehält und sich weiterhin nicht allein an der Grundsatzfrage der Zahlungsbereitschaft eines fremden Dritten[279] orientiert, kann eine eventuelle Korrektur in Deutschland abgezogener Bereitstellungsgebühren eine Doppelbesteuerungsgefahr nach sich ziehen.

3.4.2. Koordinationsleistungen

In internationalen Konzernen ist eine umfassende Koordination aller Tätigkeiten der Konzernmitglieder notwendig, um unter Erzielung von Skalen- und Lerneffekten eine möglichst optimale Organisationsstruktur zu erreichen.[280] Die anfallenden Koordinationsleistungen lassen sich in vier Kategorien einteilen.[281]

---

[277] Vgl. STOCK/KAMINSKI, DB 1997, S. 1053. Ist ein Konzernunternehmen gegen Zahlung eines Entgelts z. B. dazu berechtigt, bei Ausfall einer eigenen technischen Anlage eine identische Anlage der Muttergesellschaft in Anspruch zu nehmen, muss diese Zahlung dem Grunde nach verrechenbar sein – unabhängig davon, ob die Anlage der Tochtergesellschaft tatsächlich einmal ausfällt oder nicht.

[278] Vgl. STOCK/KAMINSKI, DB 1997, S. 1054.

[279] So BECKER/KROPPEN, in: KROPPEN, Handbuch Internationale Verrechnungspreise, Bd. II, Abschnitt O (Erläuterungen), zu Tz. 7.16, Anm. 6.

[280] Vgl. KLEINEIDAM, IStR 2001, S. 725.

[281] Vgl. BECKER, StbJb 1975/76, S. 492 ff.

Tabelle 5: Verrechnung von Koordinationsleistungen dem Grunde nach

Kategorie	**Art der Leistungsbeziehung**	**Beispiel**
Zentrale Koordination	Gesellschafteraufwand	Abstimmung der Einzelpläne der Gliedgesellschaften mit den Konzernzielen
Vertikale Koordination	Mischleistung	Abstimmung von Forschungs- und Entwicklungsleistungen der Mutter- und einer Tochtergesellschaft betreffend eines identischen Forschungsobjektes
Horizontale Koordination	Mischleistung	Abstimmung von Forschungs- und Entwicklungsleistungen von Schwestergesellschaften betreffend eines identischen Forschungsobjektes
Innenkoordination	Schuldrechtliche Leistungsbeziehung	Abstimmung betrieblicher Aktivitäten einer Tochtergesellschaft durch die Muttergesellschaft

Quelle: Eigene Darstellung in Anlehnung an: SCHEFFLER, ZfbF 1991, S. 478.

Tabelle 5 verdeutlicht, dass Koordinationsleistungen zur Beurteilung ihrer Verrechenbarkeit sorgfältig zu differenzieren sind. Während zentrale Koordinationsmaßnahmen betreffend den Gesamtkonzern allein bei der Konzernobergesellschaft betrieblich veranlasst sind, liegen die Kosten der vertikalen und horizontalen Koordination jeweils im Interesse mehrerer Leistungsempfänger und sind als Mischleistung anteilig zu verrechnen. Übernimmt die Konzernmutter hingegen einzelne Koordinationsaufgaben einer Tochtergesellschaft und erspart dieser damit eigene Aufwendungen, hat die Tochtergesellschaft diese Tätigkeitsübernahmen abzugelten.

Aus steuerlicher Sicht können vor allem bei der Erbringung vertikaler und horizontaler Koordinationsleistungen Komplikationen auftreten. Die nach US-amerikanischer Auffassung zulässige Verwendung eines Zeitfaktors erscheint bei dieser Art von Mischleistungen nur begrenzt möglich. Zur Vermeidung von Besteuerungsproblemen besteht die Notwendigkeit, aus bilateraler Sicht übereinstimmende Kriterien zur Aufwandsverteilung zu Grunde zu legen.[282] In den Bereichen der zentralen Koordination und der Innenkoordination sind Besteuerungsprobleme kaum zu erwarten. Während die zentrale Koordination zu den originären Aufgaben einer Konzernobergesellschaft zählen, liegt bei Innenkoordinationsleistungen ein betrieblich veranlasster Bedarf vor, dessen Deckung für den Leistungsempfänger von Nutzen ist.[283]

[282] Zum Beispiel wäre eine Verteilung von Abstimmungskosten aus dem Forschungs- und Entwicklungsbereich im Verhältnis der jeweils übernommenen Forschungs- und Entwicklungsaufwendungen vorstellbar.
[283] Vgl. SCHEFFLER, ZfbF 1991, S. 479.

3.5. Zwischenergebnis

Die Beurteilung, ob eine Konzerndienstleistung dem Grunde nach verrechenbar ist, erfolgt in Deutschland bzw. in den USA nach dem Kriterium der betrieblichen Veranlassung bzw. nach dem Benefit Test. Im konkreten Einzelfall kann sich eine Dienstleistungserbringung entweder als verrechenbare bzw. verrechnungspflichtige schuldrechtliche Leistungsbeziehung oder als nicht verrechenbarer Gesellschafteraufwand erweisen. Ebenso ist das Vorliegen einer Mischleistung möglich, die in einen verrechenbaren und nicht verrechenbaren Teil aufzuspalten ist.

Der unterschiedliche Ansatz der beiden Abgrenzungskriterien bewirkt eine divergierende Auslegung des Gesellschafteraufwands. Dadurch ist im Bereich der Gesellschaftertätigkeiten die Möglichkeit auftretender Qualifikationskonflikte besonders zu berücksichtigen. In Abbildung 1 werden die einzelnen Dienstleistungen, die einer abweichenden Beurteilung durch die deutsche und US-amerikanische Finanzverwaltung unterliegen, zusammengefasst und den übereinstimmend beurteilten Sachverhalten gegenübergestellt.

Abbildung 1: Übereinstimmungen und Abweichungen bei der Beurteilung von Gesellschaftertätigkeiten aus Sicht Deutschlands und der USA

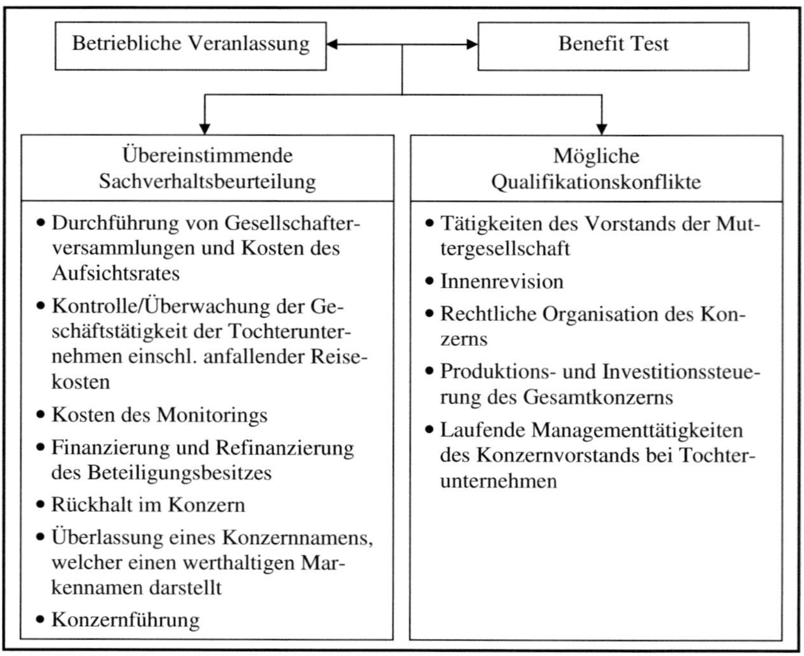

Quelle: Eigene Darstellung.

Neben dem Bereich der Gesellschaftertätigkeiten können die Verwendung unterschiedlicher Kriterien zur Aufteilung von Mischleistungen sowie die voneinander abweichenden Voraussetzungen zur Verrechnung von On-call-Leistungen zu Besteuerungsproblemen führen. Im Bereich der schuldrechtlichen Leistungsbeziehungen dürfte dagegen die betriebliche Veranlassung eines Leistungsempfängers i. d. R. mit der Zahlungs- oder Leistungsbereitschaft eines unabhängigen Dritten unter vergleichbaren Bedingungen übereinstimmen. Ebenso ist eine Besteuerungsproblematik bei doppelten Dienstleistungserbringungen weitgehend auszuschließen.

Im Ergebnis ist festzuhalten, dass die neuen US-Regulations für konzerninterne Dienstleistungen mit der Abkehr von der General Benefit Theory den spezifischen Nutzen als Verrechenbarkeitskriterium stärker betonen und somit die Verrechnungsmöglichkeiten eines Steuerpflichtigen tendenziell einengen. Gleichzeitig ist jedoch das Bemühen erkennbar, den Umfang verrechenbarer Tätigkeiten durch die Begrenzung des Gesellschafteraufwands auszudehnen.[284] Steuerpflichtige können in diesem Spannungsfeld davon ausgehen, dass der IRS im Zweifelsfall bestrebt sein wird, das US-amerikanische Steueraufkommen zu erhöhen. So ist der Abkehr von der General Benefit Theory einerseits nicht die finale Konsequenz zu attestieren.[285] Andererseits erscheint eine solche Annahme in Anbetracht der intensiven US-Bemühungen zur Sicherstellung von Steuereinnahmen geboten.[286]

---

[284] Vgl. ANWAR u. a., ITPJ 2004, S. 5; FOLEY u. a., TMTR 2006, Vol. 15, No. 9, S. 361; RASCH/FISCHER, DB 2007, S. 880.

[285] Vgl. Temp. Reg. § 1.482-9T (l) (5) Example 4. Siehe hierzu auch KIRSCHENBAUM u. a., JIT 2003, Dec, S. 43.

[286] Vgl. hierzu PELZER, IStR 2003, S. 825 ff.

4. Verrechung konzerninterner Dienstleistungen der Höhe nach aus Sicht Deutschlands und der USA

4.1. *Formen der Dienstleistungsverrechnung*

Nach der Feststellung, ob eine konzerninterne Dienstleistungserbringung dem Grunde nach verrechenbar ist, ergeben sich für die zu verrechnenden Tätigkeiten zwei Fragestellungen. Neben der Ermittlung der Höhe des Entgelts ist die Art der Weiterbelastung an den Leistungsempfänger, die sachgerechte Verrechnungsform, zu bestimmen. Da die unterschiedlichen Verrechnungsformen die Basis der Verrechnungspreisbestimmung bilden, werden zunächst die alternativen Formen der Dienstleistungsverrechnung vorgestellt und voneinander abgegrenzt. Im Anschluss daran wird auf Grundlage der Verrechnungsform der Einzelabrechnung die Verrechnung konzerninterner Dienstleistungen der Höhe nach erörtert, um verschiedenen Dienstleistungsarten die jeweils am besten geeignete Verrechnungspreismethode zuzuweisen.[287]

Als Formen der Dienstleistungsverrechnung stehen vier Alternativen zur Verfügung:[288]

- Verrechnung über Lieferpreise,
- Einzelabrechnung,
- Konzernumlage nach dem Leistungsaustauschkonzept,
- Kostenumlage nach dem Poolkonzept.

Während die drei letztgenannten Verrechnungsformen als spezielle Verfahren der Verrechnungspreisbestimmung anzusehen sind, stellt die Verrechnung über Lieferpreise genau genommen nur eine Variante der Abgeltung dar.[289] Sofern Dienstleistungen als Nebenleistungen im Zusammenhang mit Warenlieferungen erbracht und über den Warenlieferpreis abgegolten werden, ist grundsätzlich sicherzustellen, dass eine weitere separate Dienstleistungsverrechnung vermieden wird.[290] Die deutschen Verrechnungspreisvorschriften verneinen eine separate Verrechnung von Dienstleistungsvergütungen, sofern die betreffende Dienstleistung unter voneinander unabhängigen Dritten über den Warenpreis abgegolten wird.[291] Die US-Regulations treffen zwar keine vergleichbar klare Aussage wie die VGr, fordern aber dennoch

[287] Siehe hierzu auch KORFF, IStR 2008, S. 44 ff.
[288] Vgl. ENGLER, in: VÖGELE/BORSTELL/ENGLER (2004), Kapitel O, Rn. 89. Das von ENGLER offensichtlich aus Vollständigkeitsgründen genannte Kostenfinanzierungsverfahren wird hier vernachlässigt.
[289] Vgl. BAUMHOFF, in: FLICK/WASSERMEYER/BAUMHOFF, Außensteuerrecht, § 1 AStG, Anm. 645.
[290] Vgl. KROPPEN, in: KROPPEN, Handbuch Internationale Verrechnungspreise, Bd. II, Abschnitt O (Erläuterungen), zu Tz. 7.26, Anm. 2.
[291] Vgl. Tz. 3.2.3.3. und 6.2.1. VGr.

eine Handhabung, die das übliche Fremdverhalten so verlässlich wie möglich reflektiert.[292] Wenngleich der Wortlaut der US-Regulations allgemeiner gehalten ist, stimmen die beiden Vorschriften im Ergebnis überein. Dienstleistungserbringungen, die im wirtschaftlichen Zusammenhang mit der Lieferung bzw. Übertragung materieller oder immaterieller Wirtschaftsgüter stehen, dürfen in Deutschland und den USA nur dann als gesonderte Leistung verrechnet werden, wenn dieses Vorgehen die gängige Praxis zwischen unverbundenen Transaktionspartnern darstellt.[293] Konkrete Fälle, in denen eine gesonderte Verrechnung einer Dienstleistungsausführung unüblich sein kann, sind z. B. die Erbringung technischer oder gewerblicher Dienstleistungen im Zusammenhang mit Warenlieferungen.[294]

4.2. Abgrenzung von Einzelabrechnung, Konzernumlage und Kostenumlage

Internationalen Konzernen steht es grundsätzlich frei, im Rahmen ihrer unternehmerischen Dispositionsfreiheit organisatorische Maßnahmen zu treffen; zumindest insoweit, als dass die erwogenen Maßnahmen nicht missbräuchlich motiviert sind.[295] Die Entscheidung, konzerninterne Dienstleistungen auf dem Wege eines gesonderten Dienstleistungsvertrages oder eines Kostenpools zu verrechnen, ist Gegenstand dieser unternehmerischen Dispositionsfreiheit.[296]

Zieht der Steuerpflichtige die Leistungsverrechnung auf Basis eines gesonderten Dienstleistungsvertrages vor, stehen ihm nach deutscher Auffassung mit der Einzelabrechnung und der Konzernumlage zwei unterschiedliche Verrechnungsmöglichkeiten zur Verfügung. Bei der Einzelabrechnung werden einzelne schuldrechtliche Leistungsaustauschbeziehungen einer gesonderten Abgeltung unterzogen. Insbesondere bei der Erbringung verwaltungsbezogener Dienstleistungen kann es in Einzelfällen aber durchaus möglich sein, dass eine separate Leistungsabgeltung infolge eines unangemessen hohen Verwaltungsaufwands entweder überhaupt nicht oder nur mit unzureichender wirtschaftlicher Sinnhaltigkeit möglich ist. In solchen Fällen ist die der Einzelabrechnung gleichwertige Konzernumlage als eine vereinfachte Abrechnungstechnik heranzuziehen.[297] Dabei werden die durch die Leistungserbringung verursachten Kosten gesammelt und unter Verwendung eines bestimmten Verteilungsschlüssels auf die leistungsempfangenden Konzernunternehmen umgelegt. Aus deutscher Sicht bedingt dabei das der Konzernumlage immanente Leistungsaustauschkonzept (Marktgedanke) die Addition

---

[292] Vgl. Temp. Reg. § 1.482-9T (m) (1).
[293] Zur kritischen Beurteilung der Fremdüblichkeit als Tatbestandsmerkmal siehe KROPPEN, in: KROPPEN, Handbuch Internationale Verrechnungspreise, Bd. II, Abschnitt O (Erläuterungen), zu Tz. 7.26, Anm. 3.
[294] Vgl. Tz. 3.2.3.3. VGr.
[295] Vgl. KUCKHOFF/SCHREIBER, IStR 1999, S. 324.
[296] Vgl. BECKER, IWB, Fach 3, Gruppe 2, S. 881 f.
[297] Vgl. STOCK/KAMINSKI, IStR 1998, S. 7.

eines angemessenen Gewinnaufschlags auf die entstandenen Kosten.[298] Die US-amerikanischen Richtlinien treffen hingegen keine konkrete Aussage zum Verhältnis der Einzelabrechnung zur Konzernumlage. Es wird lediglich gefordert, dass eine konzerninterne Dienstleistung in einzeln zu verrechnende Bestandteile zerlegt wird, sofern diese Aufteilung zu einer erhöhten Fremdvergleichskonformität führt.[299] Im Umkehrschluss ist aus dieser Norm zu folgern, dass eine Dienstleistungsverrechnung auf dem Wege der Konzernumlage in den USA als eine der Einzelabrechnung gleichrangige Alternative angesehen werden kann, solange damit den Anforderungen des Fremdvergleichsgrundsatzes entsprochen wird.[300]

Während sich die Anwendung der Einzelabrechnung und der Konzernumlage nach der Komplexität eines zu verrechnenden konzerninternen Leistungsflusses richtet, stellt die Kostenumlage nach dem Poolkonzept eine klarer abzugrenzende Verrechnungsform dar. Mit einem für diese Zwecke abzuschließenden Umlagevertrag bzw. Kostenteilungsvertrag vereinbaren international verbundene Unternehmen, die bei der Verfolgung eines speziellen gemeinsamen Interesses entstehenden Aufwendungen in einem bestimmten Verhältnis auf die Poolmitglieder zu verteilen.[301] Als Verteilungsmaß ist dabei das Verhältnis der jeweils erwarteten Vorteile aus der Teilnahme an der Innengesellschaft bzw. das Verhältnis der jeweils zustehenden und zu verwertenden Anteilsrechte am Ergebnis der Pooltätigkeit heranzuziehen. Wie bereits in Abschnitt 3.1. erwähnt, ist die Bildung eines Kostenpools in den USA ausschließlich im Zusammenhang mit der Entwicklung immaterieller Wirtschaftsgüter vorgesehen. Dadurch ergibt sich im Vergleich zur deutschen Verwaltungsauffassung ein geringerer Anwendungsbereich für Kostenumlagen nach dem Poolkonzept, da in Deutschland Kostenumlagen z. B. auch für verwaltungsbezogene Dienstleistungen oder Beratungsleistungen möglich sind.[302] Der gegenwärtig vorliegende US-Richtlinienvorschlag zum Cost Sharing[303] beinhaltet zu diesen grundsätzlichen Anwendungsfragen keine Änderungen.

Im Gegensatz zur Einzelabrechnung und zur Konzernumlage nach dem Leistungsaustauschkonzept ist die Berücksichtigung eines Gewinnaufschlags auf die umlagefähigen Aufwendungen nach dem Poolkonzept weder zulässig noch notwendig, da die Leistungserbringung für

[298] Vgl. STOCK/KAMINSKI, IStR 1998, S. 9; KUCKHOFF/SCHREIBER, IStR 2000, S. 348.
[299] Vgl. Temp. Reg. § 1.482-9T (l) (4).
[300] Diese Folgerung entspricht inhaltlich der Würdigung der bis zum 31.12.2006 anzuwendenden US-Verrechnungspreisrichtlinien für Dienstleistungen. Vgl. ENGLER, in: VÖGELE/BORSTELL/ENGLER (2004), Kapitel O, Rn. 246.
[301] Vgl. Tz. 1.1 VGrUml; Reg. § 1.482-7 (a) (1).
[302] Vgl. KUCKHOFF/SCHREIBER, IStR 2000, S. 349.
[303] Vgl. DEPARTMENT OF THE TREASURY/IRS, REG-144615-02, abgedruckt in: TMTR 2005, Vol. 14, No. 9, S. 339 ff. Siehe hierzu ausführlich RASCH/MANK, IStR 2006, S. 643 ff.

die teilnehmenden Gesellschaften mit keinem unternehmerischen Risiko verbunden ist.[304] Ebenso verneint der IRS die Einbeziehung eines Gewinnaufschlags in die Umlagemasse.[305]

Damit ist festzuhalten, dass sich die Verrechnungspreisvorschriften Deutschlands und der USA im Bereich der Kostenumlagen nach dem Poolkonzept durch die enger gefasste US-amerikanische Anwendungsmöglichkeit unterscheiden. Hinsichtlich des anzulegenden Verteilungsverhältnisses und der Frage nach einem Gewinnaufschlag stimmen die beiden Rechtsquellen dagegen überein. Eine tiefergehendere Analyse der aktuellen deutschen und US-amerikanischen Vorschriften zum Cost Sharing ist nicht Gegenstand der vorliegenden Arbeit.[306]

4.3. Einzelabrechnung konzerninterner Dienstleistungen ohne Gewinnaufschlag (Anwendung der SCM)

Im konzerninternen Dienstleistungsverkehr zwischen Deutschland und den USA ist für die nach dem 31.12.2007 beginnenden Besteuerungszeiträume die Einführung der SCM auf Seiten der USA zu beachten. Eine Doppelbesteuerungsproblematik erscheint unter Berücksichtigung von Tabelle 3 grundsätzlich dann möglich, wenn (1) Dienstleistungen von deutschen an US-amerikanische Konzernunternehmen erbracht werden, (2) die in diesem Fall den steuerpflichtigen Gewinn der US-Gesellschaft mindernde Leistungsvergütung nach Ansicht des BMF mit Gewinnaufschlag zu verrechnen ist und (3) die Dienstleistungstätigkeit in den Anwendungsbereich der SCM fällt.[307] In einer derartigen Konstellation würde die vom IRS als zulässig erachtete Dienstleistungsverrechnung mit Hilfe der SCM eine Hinzurechnung des in den USA abgezogenen Gewinnaufschlags nach sich ziehen. Diese Primärberichtigung würde jedoch im Widerspruch zur deutschen Verwaltungsauffassung stehen, der eine vergleichbare Safe Harbor-Regelung fremd ist. Folglich würde eine Gegenberichtigung der in Deutschland zu versteuernden Betriebseinnahme womöglich ausbleiben.[308] Um diese theoretisch denkbare Doppelbesteuerungsgefahr von vornherein zu vermeiden, sollten sich Steuerpflichtige in Ermangelung einer korrespondierenden deutschen Norm bei der Verrechnungspreisbestimmung

---

[304] Vgl. Tz. 2.2. VGrUml. A. A. STOCK/KAMINSKI, IStR 1998, S. 9 f.

[305] In den nach Reg. § 1.482-7 (d) (1) einzubeziehenden Kosten ist ein Gewinnaufschlag nicht genannt.

[306] Ein Vergleich der nationalen Vorschriften zur Kostenumlage ist in der Literatur nicht vorzufinden. Für die deutschen Regelungen siehe BAUMHOFF, in: MÖSSNER u. a. (2005), Rz. C 422 ff. Für die aktuell gültigen US-amerikanischen Vorschriften siehe BECKER, IWB, Fach 8 USA, Gruppe 2, S. 827 ff.

[307] In diesem Sinne BROWN, in: MOSES, TMTR 2006, Vol. 15, No. 8, S. 288.

[308] Nach Art. 9 Abs. 2 DBA-USA wird eine Gegenberichtigung nicht automatisch durch eine Primärberichtigung ausgelöst. Vielmehr müssen die Finanzverwaltungen beider Vertragsstaaten, und damit in diesem Fall auch die deutsche Finanzverwaltung, der Erstberichtigung dem Grunde und der Höhe nach zustimmen. Wird diese Voraussetzung nicht erfüllt, ist eine korrespondierende Gegenberichtigung gem. Art. 9 Abs. 2 DBA-USA nicht möglich. Vgl. hierzu WASSERMEYER, in: DEBATIN/WASSERMEYER, Doppelbesteuerung, Bd. VI, Art. 9 USA, Rz. 9.

für Konzerndienstleistungen generell an Fremdvergleichspreisen orientieren und von einer Verrechnung der reinen Dienstleistungserbringungskosten ohne Gewinnaufschlag absehen. In diesem Zusammenhang ist eine sorgfältige Dokumentation der Verrechnungspreisfestsetzung von Vorteil, um auf diese Weise die alternativ gewählte Verrechnungspreismethode als Best Method gegenüber dem IRS darzustellen, und vom Wahlrecht der Nicht-Anwendung der SCM Gebrauch machen zu können.[309] Bei Inanspruchnahme dieses Wahlrechts erübrigen sich die aus den teilweise detaillierten Vorgaben der White List ergebenden Schwierigkeiten der Zuordnung einer konkreten Konzerndienstleistung zu den dort aufgeführten Tätigkeiten.[310]

4.4. Einzelabrechnung konzerninterner Dienstleistungen auf Basis transaktionsbezogener Standardmethoden

4.4.1. Anwendung der CUSP

4.4.1.1. Theoretische Eignung der CUSP für konzerninterne Dienstleistungen

Für die Anwendbarkeit der CUSP ist es erforderlich, dass einer zu beurteilenden Konzerndienstleistung direkt oder indirekt vergleichbare Markttransaktionen zwischen voneinander unabhängigen Dritten gegenüberstehen. Diese Notwendigkeit erfordert im Umkehrschluss, dass es sich bei der zu verrechnenden Konzerndienstleistung selbst um eine marktgängige und marktfähige Dienstleistung handelt.[311] Die Anwendbarkeit der CUSP ist m. a. W. an standardisierte Dienstleistungen auf der einen, und an relevante Dienstleistungsmärkte auf der anderen Seite geknüpft.

Erbringt ein Konzernunternehmen eine vergleichbare Dienstleistung sowohl an verbundene als auch an unverbundene Leistungsempfänger, so ist die Verrechnungspreisbestimmung mit Hilfe des inneren Preisvergleichs unproblematisch durchzuführen. In einem solchen Fall sind kaum Bedenken zu äußern, die gegen die Verwendung der vertraglich vereinbarten Leistungsvergütung des Vergleichsgeschäfts als Konzernverrechnungspreis bzw. gegen den Vorzug des inneren Preisvergleichs sprechen.[312] Das zwischen einem Konzernunternehmen und einem konzernfremden Leistungsempfänger vereinbarte Entgelt[313] dürfte sämtlichen Fremd-

---

[309] Den US-Regulations sind allerdings keine konkreten Vorgaben zum Dokumentationsprozess für konzerninterne Dienstleistungen zu entnehmen. Vgl. stattdessen umfassend PRZYSUSKI, TPTP 2006, Vol. 7, No. 5, S. 25 ff.

[310] Zu der angesprochenen Problematik siehe RASCH/FISCHER, DB 2007, S. 881 f.

[311] Vgl. OECD (2001), Tz. 7.31.

[312] Vgl. JACOBS (2007), S. 751. Das in Temp. Reg. § 1.482-9T (c) (4) enthaltene Example 1 verdeutlicht ebenso, dass sich Verrechnungspreise im Falle eines möglichen inneren Preisvergleichs durch Anwendung dieser Variante mit maximaler Verlässlichkeit bestimmen lassen. A. A. SCHRÖDER, in: SCHRÖDER/MUUSS, Handbuch der steuerlichen Betriebsprüfung, 2. Bd., Kza. 5750, S. 13 f.

[313] I. d. R. handelt es sich dabei um Listen- oder auftragsgebundene Preise.

vergleichsanforderungen standhalten, da dieses ein Verhandlungsergebnis zwischen voneinander unabhängigen Transaktionspartnern darstellt.[314] Die Anwendung des inneren Preisvergleichs eignet sich besonders dann, wenn internationale Konzerne über Dienstleistungsholdings verfügen, die vergleichbare Leistungen gleichermaßen an konzerninterne und -externe Gesellschaften erbringen.[315]

Ist ein innerer Preisvergleich nicht möglich, rückt das Erfordernis der Marktgängigkeit sowie der Marktfähigkeit einer Dienstleistung stärker in den Vordergrund, da für die Anwendung des externen Preisvergleichs auf Daten aus Vergleichstransaktionen zwischen ausschließlich konzernfremden und voneinander unabhängigen Vertragspartnern abzustellen ist. Für die Ermittlung der unter fremden Dritten fixierten Leistungsvergütungen stehen im Wesentlichen zwei Möglichkeiten zur Verfügung. Im Bereich der Beratungsleistungen, insbesondere der freiberuflichen Tätigkeiten, können Marktpreise mit Hilfe von Gebühren- und Honorarordnungen (z. B. der Bundesgebührenordnung für Rechtsanwälte, der Steuerberatergebührenordnung oder der Honorarordnung für Architekten und Ingenieure) nachvollzogen werden.[316] Die zweite Ermittlungsmöglichkeit von Fremdpreisen basiert auf der zunehmenden Abgabe unternehmerischer Funktionen an externe Dienstleistungsanbieter (Outsourcing).[317] Dies betrifft neben EDV- und Marketingleistungen vor allem gewerbliche Dienstleistungstätigkeiten, deren Marktpreise durch das Einholen mehrerer Vergleichsangebote verhältnismäßig einfach festgestellt werden können.[318]

Für die Anwendbarkeit der CUSP ist das einfache Vorliegen von Gebührenordnungen bzw. die unproblematische Erlangung von Marktpreisen allerdings nicht ausreichend. Es muss darüber hinaus sichergestellt sein, dass den zu vergleichenden Preisen nahezu identische Leistungen und Verhältnisse zu Grunde liegen. In der Praxis wird dieser Anforderung, z. B. aufgrund von Produktdifferenzierungen, häufig nicht entsprochen.[319] Um die Verwendung der CUSP bei einer nur unvollständigen Identität der preisbildenden Faktoren dennoch zu ermöglichen, wird mit Hilfe von Anpassungsrechnungen versucht, die Anwendungsvoraussetzungen der CUSP herzustellen.[320] Dazu ist es erforderlich, dass die Abweichungen zwischen den Referenztransaktionen in sachgerechter Weise identifiziert werden, um ausschließlich abwei-

---

314 Als Vergleichsmaßstab eines inneren Preisvergleichs sollte genau genommen jedoch nicht der jeweilige Preis selbst dienen, sondern das diesem zu Grunde liegende Kalkulationsverfahren. Vgl. hierzu SCHRÖDER, StBp 1981, S. 9.

315 Vgl. BAUMHOFF, in: MÖSSNER u. a. (2005), Rz. C 416.

316 Vgl. BAUMHOFF, in: FLICK/WASSERMEYER/BAUMHOFF, Außensteuerrecht, § 1 AStG, Anm. 654.

317 Vgl. hierzu exemplarisch KLINGEBIEL/ANDREAS, DStR 2005, S. 981 ff.

318 Vgl. ENGLER, in: VÖGELE/BORSTELL/ENGLER (2004), Kapitel O, Rn. 128.

319 Vgl. OESTREICHER, StuW 2006, S. 245.

320 Vgl. hierzu ausführlich DAWID/DORNER, IWB, Fach 10, Gruppe 2, S. 1549 ff.

chungsverursachende Einflüsse korrigiert zu können.[321] Ebenso können Marktpreise mit Hilfe vorhandener Gebührenordnungen nur dann zuverlässig ermittelt werden, wenn die zu verrechnende Leistung mit einer, in dem Leistungsverzeichnis der Gebührenordnung aufgeführten, Leistung weitgehend übereinstimmt.[322] Ist Letzteres nicht der Fall, ist die CUSP vorbehaltlich einer korrigierenden Anpassungsrechnung nicht heranzuziehen.

Vor dem Hintergrund der vorstehenden Ausführungen lassen sich als mögliche Anwendungsfälle der CUSP folgende Dienstleistungsarten nennen:[323]

- Freiberufliche Leistungen
  Hierunter fallen u. a. die Rechts-, Steuer-, und Unternehmensberatung, die Beratung in Ingenieur-, Patent- und Architektenangelegenheiten, die Erstellung von Gutachten, die Anfertigung von Übersetzungen sowie die Übernahme von Buchführungsarbeiten.
- Gewerbliche Dienstleistungen
  Aus dem Bereich der gewerblichen Dienstleistungen lassen sich Marktpreise für Transport-, Versicherungs-, Montage-, Reparatur-, Reinigungs-, Wartungs- und Instandhaltungsdienstleistungen sowie für Tätigkeiten im Zusammenhang mit der Informations- und Nachrichtenübermittlung, der Bewachung und Sicherheit oder der Lagerhaltung verhältnismäßig einfach ermitteln.
- EDV-Leistungen
  Für die Gruppe der EDV-Leistungen ist eine Marktpreisorientierung durch das zunehmende Auftreten unabhängiger Datenverarbeitungsunternehmen und Software-Hersteller gewährleistet. Im Einzelnen betrifft dies Tätigkeiten wie die Erstellung und Führung von Datenbanken, die individuelle Softwareentwicklung und Programmpflege sowie die Überlassung und Wartung von Hardware.

  Die Anwendbarkeit der CUSP ist für EDV-Leistungen davon abhängig, inwiefern einer auf die speziellen Bedürfnisse des Auftraggebers zugeschnittenen EDV-Dienstleistung Vergleichsgeschäfte zugeordnet werden können.[324] Dieses Argument lässt sich auf die beiden nachfolgend angeführten Beispiele übertragen.

---

[321] Als Beispiele sind u. a. Qualitätsunterschiede, unterschiedliche Transaktionsvolumina oder geografisch bedingte Abweichungen zu nennen.

[322] Vgl. SCHRÖDER, in: SCHRÖDER/MUUSS, Handbuch der steuerlichen Betriebsprüfung, 2. Bd., Kza. 5795, S. 8.

[323] Vgl. ENGLER, in: VÖGELE/BORSTELL/ENGLER (2004), Kapitel O, Rn. 127; BAUMHOFF, in: MÖSSNER u. a. (2005), Rz. C 416; BAUMHOFF, in: FLICK/WASSERMEYER/BAUMHOFF, Außensteuerrecht, § 1 AStG, Anm. 654.

[324] Vgl. POPKES, DB 1990, S. 1831.

- Marketingleistungen

  Der Markt für Marketingleistungen ist, wie die EDV-Branche, durch eine Vielzahl spezialisierter Leistungsanbieter (wie z. B. Werbe- und PR-Agenturen oder Messeserviceunternehmen) gekennzeichnet. Demnach sind Leistungen wie die Durchführung von Werbekampagnen und Verkaufsförderungsaktionen, die Erstellung von Marketingkonzepten, die Messe- und Kongressorganisation sowie Leistungen aus dem Bereich der Öffentlichkeitsarbeit oder des Grafikdesigns fremdbeziehbar, und damit für die Anwendung der CUSP grundsätzlich geeignet.

- Auftragsforschung

  Die wirtschaftswissenschaftliche Literatur erachtet die CUSP entgegen der in Tz. 5.3. VGr enthaltenen Auffassung des BMF ebenso für die Auftragsforschung als anwendbar. Sofern Vergleichsangebote von unabhängigen Forschungseinrichtungen eingeholt werden können und die zu vergleichenden Forschungsaufträge nach Art und Umfang eine hohe Übereinstimmung aufweisen, ist die Anwendbarkeit der CUSP gegeben. Aufgrund des i. d. R. hohen Individualisierungsgrades einzelner Forschungsaufträge erscheint die Anwendbarkeit der CUSP allerdings auf Ausnahmefälle begrenzt.

4.4.1.2. Anwendung der CUSP aus Sicht Deutschlands und der USA unter besonderer Berücksichtigung möglicher Doppelbesteuerungsrisiken

Obwohl die deutschen und US-amerikanischen Verrechnungspreisregelungen innerhalb der drei transaktionsbezogenen Standardmethoden keine konkrete Methodenrangfolge vorschreiben, ist in den VGr und US-Regulations tendenziell eine Bevorzugung der CUSP zu erkennen. Während nach h. M.[325] eine vorrangige Anwendung der CUSP aus den VGr indirekt abzuleiten ist, anerkennt der US-amerikanische Richtlinientext die eindeutige Vorteilhaftigkeit der CUSP unter der Voraussetzung vorliegender vergleichbarer Marktpreise.[326] Die den VGr indirekt zu entnehmende Vorrangigkeit der CUSP wird nach jüngster BFH-Rechtsprechung ausdrücklich bestätigt.[327]

In den Anwendungsfällen der CUSP kann das Auftreten von Besteuerungsproblemen aus Sicht Deutschlands und der USA weitestgehend ausgeschlossen werden. Einerseits sind die Vergleichbarkeitsanforderungen der CUSP von der deutschen und US-amerikanischen Fi-

[325] Vgl. ENGLER, in: VÖGELE/BORSTELL/ENGLER (2004), Kapitel O, Rn. 125; BAUMHOFF, in: FLICK/WASSERMEYER/BAUMHOFF, Außensteuerrecht, § 1 AStG, Anm. 653.

[326] Vgl. Temp. Reg. § 1.482-9T (c) (2) (ii) (A).

[327] Vgl. BFH-Urteil vom 6.4.2005, I R 22/04, BFH/NV 2005, S. 1720.

nanzverwaltung gleichermaßen restriktiv ausgestaltet,[328] und andererseits wird die primäre Anwendung der CUSP im Falle erfüllter Tatbestandsmerkmale übereinstimmend befürwortet. Zur Durchführung von Anpassungsrechnungen zwecks Erzielung erfüllter Anwendungsvoraussetzungen nehmen das BMF und der IRS ebenfalls eine gemeinsame Position ein.[329] Besteuerungsprobleme sind im Rahmen dieser Berechnungen jedoch dann denkbar, wenn die „Richtigkeit" einer Anpassungsrechnung von den beteiligten Finanzverwaltungen unterschiedlich bewertet wird.

4.4.2. Anwendung der GSMM

4.4.2.1. Theoretische Eignung der GSMM für konzerninterne Dienstleistungen

Die GSMM eignet sich zur Bestimmung angemessener Verrechnungspreise besonders dann, wenn Lieferungen oder Leistungen von einem Konzernvertriebsunternehmen empfangen bzw. gekauft und (nahezu) unverändert an unverbundene Marktteilnehmer weiterveräußert werden.[330] In diesen Fällen wird die im Absatzpreis enthaltene Rohgewinnmarge dazu verwendet, die beim Wiederverkäufer entstandenen Kosten sowie dessen übernommene Funktionen und Risiken in Form eines angemessenen Gewinns zu vergüten. Für die Ausgestaltung einer (ausländischen) Vertriebsunternehmung stehen internationalen Konzernen mit den Modellen des Handelsvertreters, des Kommissionärs und des Eigenhändlers (Vertragshändlers) unterschiedliche Varianten zur Verfügung.[331] Während der Eigenhändler steuerrechtlich als selbstständiger Händler einzustufen ist, erbringen die Vertriebsformen des Handelsvertreters und des Kommissionärs lediglich eigenständige Dienstleistungen in Form von Vermittlungsleistungen.[332] Da die vermittelnde Vertriebseinheit jedoch nicht als Käufer und Wiederverkäufer einer Dienstleistung auftritt, ist die GSMM für Vermittlungsleistungen nicht anzuwenden.[333]

Aus der Absatzpreisorientierung der GSMM ist abzuleiten, dass die Anwendung dieser Methode ausschließlich bei marktgängigen Dienstleistungserbringungen in Betracht gezogen werden kann.[334] Die bloße Marktfähigkeit einer Leistung ist für die Anwendbarkeit der GSMM dagegen nicht ausreichend, da nach der Konzeption des Fremdvergleichs tatsächliche Rechtsgeschäfte am Markt beobachtbar sein müssen. Unter der zusätzlichen Berücksichtigung der in diesem Zusammenhang bedeutsamen Wesensmerkmale einer Dienstleistungserbrin-

328 Vgl. Tz. 2.2.2. VGr; Temp. Reg. § 1.482-9T (c) (1).
329 Vgl. Tz. 2.1.7. VGr; Temp. Reg. § 1.482-9T (c) (2) (ii) (B) i. V. m. Temp. Reg. § 1.482-9T (c) (4) Example 3.
330 Vgl. KUCKHOFF/SCHREIBER (1997), Rz. 109.
331 Vgl. MÜLLER/REISER, in: GROTHERR (2003), S. 231.
332 Vgl. ISENSEE, IStR 2001, S. 695.
333 Vgl. ENGLER, in: VÖGELE/BORSTELL/ENGLER (2004), Kapitel O, Rn. 183.
334 Vgl. BAUMHOFF, in: FLICK/WASSERMEYER/BAUMHOFF, Außensteuerrecht, § 1 AStG, Anm. 446.

gung, der Simultanität von Herstellung und Verwertung einerseits, und der aufgrund der Immaterialität einer Dienstleistung fehlenden Lagerhaltungsmöglichkeit andererseits, erscheint eine Dienstleistungsverrechnung mit Hilfe der GSMM nur in Ausnahmefällen möglich.[335] Solche Fälle liegen vor, wenn das Resultat einer Dienstleistungsausführung auf einem geeigneten Trägermedium gespeichert werden kann, und dadurch der Kauf und anschließende Wiederverkauf des Dienstleistungsergebnisses ermöglicht wird.[336] Wird das Dienstleistungsergebnis einer zusätzlichen (geringfügigen) Bearbeitung seitens des wiederverkaufenden Unternehmens unterzogen, ist dies bei der Bemessung des fremdüblichen Gewinnabschlages zu berücksichtigen.[337]

Ein weiterer denkbarer Einsatzbereich der GSMM ergibt sich für Konstellationen, in denen sich ein Dienstleistungserbringer (Auftragnehmer) zwecks Leistungserbringung gegenüber einem fremden Dritten eines konzernzugehörigen Subunternehmens (Erfüllungsgehilfe) bedient. Die Anwendbarkeit der GSMM ergibt sich bei solchen Leistungsverflechtungen aus einer rein wirtschaftlichen Sichtweise, nach der der Auftragnehmer die Dienstleistungserbringung des Subunternehmers erwirbt und diese an den leistungsempfangenden fremden Dritten weiterveräußert.[338] Als Dienstleistungen, die Gegenstand eines solchen, in der Praxis häufig feststellbaren Leistungsverhältnisses[339] sein können, sind u. a. die Erbringung von Datenverarbeitungs-, Marktforschungs- oder Beratungsleistungen zu nennen.[340]

4.4.2.2. Anwendung der GSMM aus Sicht Deutschlands und der USA unter besonderer Berücksichtigung möglicher Doppelbesteuerungsrisiken

Die deutsche Finanzverwaltung scheint mit der in Tz. 3.2.3.2. VGr enthaltenen Ansicht, nach der Dienstleistungen *im Regelfall* nicht mit der GSMM zu verrechnen sind, einer Verwendung in Ausnahmefällen offen gegenüber zu stehen.[341] Nach US-amerikanischer Auffassung ist die Verwendung der GSMM zulässig, wenn ein Konzernunternehmen für ein verbundenes Unternehmen einen Anteil dessen vertraglich geschuldeter Dienstleistungserbringung gegenüber einer konzernfremden Gesellschaft übernimmt bzw. diese Dienstleistung vollständig ausführt (Anwendungsfall des eingeschalteten Subunternehmens).[342] Die US-Regulations erachten in

---

[335] Vgl. ENGLER, in: VÖGELE/BORSTELL/ENGLER (2004), Kapitel O, Rn. 185.
[336] Als Beispiel ist die Speicherung von Gutachten, technischen Studien oder Bauplänen zu nennen.
[337] Vgl. BAUMHOFF, in: FLICK/WASSERMEYER/BAUMHOFF, Außensteuerrecht, § 1 AStG, Anm. 655.2.
[338] Vgl. ENGLER, in: VÖGELE/BORSTELL/ENGLER (2004), Kapitel O, Rn. 180 f.
[339] So BECKER, in: KROPPEN, Handbuch Internationale Verrechnungspreise, Bd. I, Verwaltungsgrundsätze zur Einkunftsabgrenzung (Erläuterungen), Tz. 3.2.3.
[340] Siehe hierzu auch Temp. Reg. § 1.482-9T (d) (4) Example 4.
[341] Vgl. BECKER, in: KROPPEN, Handbuch Internationale Verrechnungspreise, Bd. I, Verwaltungsgrundsätze zur Einkunftsabgrenzung (Erläuterungen), Tz. 3.2.3.
[342] Vgl. Temp. Reg. § 1.482-9T (d) (1) i. V. m. Temp. Reg. § 1.482-9T (d) (4) Example 4.

derartigen Fällen neben der GSMM ebenso die CUSP oder die CSPM auf Ebene der Subunternehmung als zulässig.[343] Zur Vermeidung eventueller Besteuerungsprobleme aus Sicht Deutschlands und der USA ist im Einzelfall nach der US-amerikanischen Best Method Rule die Methode auszuwählen, nach der dem tatsächlichen Leistungserbringer eine dem Fremdvergleich standhaltende Rohgewinnmarge verbleibt. Für einen auf diese Weise angesetzten Verrechnungspreis ist, in Anbetracht der in beiden Staaten ähnlichen Anwendungs- bzw. Vergleichbarkeitsvoraussetzungen der Standardmethoden sowie der gleichlautenden Befürwortung einer auf bestmögliche Weise zu erreichenden Zuverlässigkeit, die Anerkennung der deutschen Finanzverwaltung zu erwarten. Dieser Befund bedarf jedoch der abschließenden Klarstellung durch das BMF.

Zur Anwendung der GSMM in den Fällen zwischengespeicherter Dienstleistungsergebnisse ist den US-Regulations keine konkrete Regelung zu entnehmen. Da diese Sachverhalte hinsichtlich der Anwendbarkeit der GSMM jedoch mit den Fällen eingeschalteter Subunternehmen weitgehend übereinstimmen, erscheint die Heranziehung der GSMM mit den US-Regulations vereinbar.[344] Entgegen der deutschen Literaturmeinung ist die GSMM nach US-Auffassung zudem für Vermittlungsleistungen heranzuziehen.[345] Dabei werden unternehmensintern verwendete oder unter fremden Dritten festzustellende Rohgewinnmargen ermittelt, an denen sich die Vergütung der konzerninternen Vermittlungsleistung orientiert.[346] Für die nach dieser Vorgehensweise durchgeführte Verrechnungspreisbestimmung bleibt herauszuarbeiten, inwiefern dies im Verhältnis zu Deutschland tatsächlich zu Besteuerungsproblemen führen kann. So ist die Verrechnung von Vermittlungsleistungen nach deutscher Auffassung an unternehmens- oder brachenüblichen Provisionen anzulehnen.[347] Im Ergebnis erscheinen Doppelbesteuerungsprobleme damit vermeidbar, sofern bei der Ermittlung der Vergleichsprovisionen auf eine vergleichbare Funktions- und Risikostruktur des zu betrachtenden Konzernunternehmens innerhalb der Vergleichstransaktionen bzw. auf eine Funktions- und

[343] Für die Anwendung der CUSP vgl. Temp. Reg. § 1.482-9T (c) (4) Example 5. Für die Anwendung der CSPM vgl. Temp. Reg. § 1.482-9T (e) (4) Example 4.

[344] In beiden Fällen bestimmt sich der Konzernverrechnungspreis nach dem am Markt erzielten Absatzpreis abzüglich der Rohgewinnmarge des Wiederverkäufers bzw. des Auftragnehmers. Während die Dienstleistungserbringung bei der Einschaltung eines Subunternehmers wirtschaftlich betrachtet vom Auftragnehmer erworben und anschließend weiterveräußert wird, erfolgt bei der Weitergabe eines gespeicherten Dienstleistungsergebnisses ebenfalls Kauf und Weiterverkauf durch das am Absatzmarkt auftretende Konzernunternehmen. Damit dürften die Voraussetzungen für die Anwendbarkeit der GSMM in beiden Konstellationen gleichermaßen gegeben sein.

[345] Vgl. Temp. Reg. § 1.482-9T (d) (1) i. V. m. Temp. Reg. § 1.482-9T (d) (4) Example 1, 2 und 3.

[346] Vgl. Temp. Reg. § 1.482-9T (d) (4) Example 1 und 2.

[347] Vgl. KAMINSKI/STRUNK, IWB, Fach 3, Gruppe 1, S. 1852. Alternativ wird z. B. vorgeschlagen, für die Verrechnung von Vermittlungsleistungen die um eine umsatzabhängige Komponente erweiterte CSPM heranzuziehen. Vgl. hierzu ISENSEE, IStR 2001, S. 695 f.

Risikoidentität der an den Vergleichstransaktionen beteiligten fremden Dritten abgestellt wird.[348]

4.4.3. Anwendung der CSPM

4.4.3.1. Fehlende Marktgängigkeit und Marktfähigkeit konzerninterner Dienstleistungen als Anwendungsvoraussetzung der CSPM

Vor dem Hintergrund der vorstehenden Ausführungen zur Anwendbarkeit der CUSP und der GSMM für konzerninterne Dienstleistungen ist festzuhalten, dass die Anwendung dieser beiden Methoden im Wesentlichen an die Marktgängigkeit und Marktfähigkeit einer Dienstleistungserbringung geknüpft ist. Während die GSMM ohnehin nur in Ausnahmefällen herangezogen werden kann, ist für die Verrechnungspreisermittlung nach der CUSP das Vorliegen von Vergleichspreisen erforderlich. Zur Ermittlung geeigneter Fremdpreise müssen am Markt beobachtbare Dienstleistungen vorliegen, die sowohl in Bezug auf die Leistung selbst als auch in Bezug auf die zu Grunde liegenden Leistungsverhältnisse vergleichbar sind. Diese Voraussetzung kann aus mehreren Gründen unerfüllt bleiben:[349]

- Bei der konzernintern erbrachten Dienstleistung handelt es sich um eine nicht marktfähige, konzernspezifische Leistungserbringung.
- Die Vergleichbarkeit der den Vergleichspreisen zu Grunde liegenden Transaktionsbedingungen ist nicht gegeben bzw. kann durch Anpassungen nicht geschaffen werden.
- Die benötigten Marktdaten über Preise und/oder Transaktionsbedingungen sind weder frei zugänglich noch feststellbar.

Im Ergebnis bewirken die genannten Umstände, dass entweder die Übereinstimmung einer zu verrechnenden Konzerndienstleistung mit einer unter fremden Dritten ausgeführten Dienstleistung oder die Übereinstimmung der den zu vergleichenden Dienstleistungen zu Grunde liegenden Transaktionsbedingungen nicht gegeben ist. Liegt eine dieser beiden Situationen vor, ist die CSPM auf ihre Anwendbarkeit hin zu untersuchen.

4.4.3.2. Theoretische Eignung der CSPM für konzerninterne Dienstleistungen bei Nicht-Anwendbarkeit der CUSP und der GSMM

Die Verrechnungspreisbestimmung nach der CSPM ist durch die Ermittlung der Dienstleistungskosten auf der einen und die Bestimmung eines betriebs- oder branchenüblichen Ge-

---

[348] Auf die Identifizierung entsprechender Vergleichsunternehmen, die im praktischen Regelfall des äußeren Preisvergleichs vor allem mit Hilfe von Unternehmensdatenbanken erfolgt, wird nicht weiter eingegangen. Vgl. hierzu näher OESTREICHER/DUENSING, IStR 2005, S. 134 ff. (insbesondere S. 139 ff.).

[349] Vgl. BAUMHOFF, in: FLICK/WASSERMEYER/BAUMHOFF, Außensteuerrecht, § 1 AStG, Anm. 656.

winnaufschlags auf der anderen Seite gekennzeichnet. Beide Bestandteile können dabei zwar nicht losgelöst voneinander betrachtet werden,[350] dennoch ist es von vorrangiger Bedeutung, dass die Fremdvergleichskonformität des Gewinnaufschlags gewährleistet ist.[351] Für den durchzuführenden Fremdvergleich ist daher zu berücksichtigen, dass die Margen der Vergleichsunternehmen in ihrer Höhe insbesondere durch die von den Unternehmen jeweils wahrgenommenen Funktionen und getragenen Risiken beeinflusst werden.[352] Aus diesem Grund stellt die CSPM geringere Vergleichbarkeitsanforderungen an die gehandelten Dienstleistungen und ermöglicht damit, sowohl standardisierte Dienstleistungen, denen keine adäquaten Vergleichswerte zugeordnet werden können, als auch nicht standardisierte Dienstleistungen (Auftragsdienstleistungen) einer Verrechnungspreisbestimmung zu unterziehen.[353] Als Beispiele sind neben verwaltungsbezogenen Dienstleistungen EDV- und Marketingleistungen sowie Auftragsforschungen zu nennen.[354]

Die Anwendbarkeit der CSPM im Bereich der konzerninternen Dienstleistungen wird allerdings durch die der Methode immanenten Mängel eingeschränkt. Zunächst ist festzustellen, dass die CSPM die Nachfrageseite sowie die bestehenden Machtverhältnisse auf dem jeweiligen Markt vollständig unberücksichtigt lässt.[355] Durch die Verwendung eines fremdüblichen prozentualen Gewinnaufschlagsatzes weist die CSPM dem konzerninternen Dienstleistungserbringer einen Gewinn zu, dessen Höhe unmittelbar von den entstandenen Dienstleistungskosten abhängt. Die Tatsache, dass sich der Gewinn aus einer einzelnen Transaktion (ebenso) nach dem am Markt erzielbaren Preis bestimmt, wird dabei vernachlässigt.[356] Durch die fehlende Berücksichtigung der Nachfrageverhältnisse würde bei Dienstleistungserbringungen, die für den Leistungsempfänger einen speziellen Wert darstellen, dessen höhere Zahlungsbereitschaft für den Leistungsbezug ignoriert werden. Neben diesen individuell bedingten Beweggründen kann die höhere Zahlungsbereitschaft eines Leistungsempfängers ebenso bei Dienstleistungen vorliegen, die unter Einbeziehung bzw. auf Grundlage einzigartiger Vermögensgegenstände oder besonders wertvoller immaterieller Wirtschaftsgüter vollzogen werden.

---

350 Vgl. KAMINSKI (2001), S. 91.

351 Vgl. OESTREICHER, StuW 2006, S. 245.

352 Siehe hierzu die Beispiele von BAUMHOFF, IStR 2003, S. 5.

353 Vgl. BAUMHOFF, IStR 1996, S. 53; HERVÉ/VON JESCHE, BC 2003, S. 126.

354 Darüber hinaus ist die CSPM für diejenigen Dienstleistungen anwendbar, die unter fremden Dritten ebenso nach dieser Methode abgerechnet werden. Vgl. BAUMHOFF, in: FLICK/WASSERMEYER/ BAUMHOFF, Außensteuerrecht, § 1 AStG, Anm. 656.

355 Vgl. SCHERRER, in: FS SCHERPF (1983), S. 360.

356 KAMINSKI weist in diesem Zusammenhang zutreffend darauf hin, dass die am Markt erzielbaren Preise als feststehender Richtwert anzusehen sind und folglich nicht durch die Kosten bestimmt werden. Vgl. KAMINSKI (2001), S. 122.

Beispiel 4:[357]

Die US-Muttergesellschaft A ist Anbieter von Ersatzteilen jeglicher Art. Diese werden mit Hilfe einer eigens von A entwickelten Datenbank im Internet angeboten und versteigert. Neben der Entwicklung der Datenbank fällt ebenso die Verwaltung und Pflege des Datenbestandes in den Aufgabenbereich der Mitarbeiter von A. Sämtliche Marketingtätigkeiten werden dagegen durch die Mitarbeiter der deutschen Gesellschaft B ausgeführt; einer 100 %-igen Tochtergesellschaft von A. Im Rahmen der Vermarktung der Datenbank holt B Kaufangebote und Kaufgesuche fremder Dritter ein, die auf einem Server in Deutschland zwischengespeichert werden und anschließend in die Datenbank eingespeist werden müssen. Zum Zwecke des Datentransfers hat B ein spezifisches Netzwerk entwickelt, mit dessen Hilfe B einerseits auf die Datenbank zugreifen kann und andererseits fremden Dritten einen Zugang ermöglichen kann.

Zur konzerninternen Vergütung der von B erbrachten Dienstleistungen stehen Vergleichsunternehmen, die ihre Dienstleistungen unter Einbeziehung eines vergleichbaren Netzwerks bzw. eines alternativen immateriellen Wirtschaftsgutes erbringen, nicht zur Verfügung. Die Anwendung der CUSP scheidet damit aus. Die GSMM ist ebenfalls nicht anwendbar, da die von B ausgeführten Dienstleistungen durch A nicht weiterveräußert werden. Käme die CSPM zur Anwendung, würde sich der Gewinn von B nach einem fremdüblichen Prozentsatz bezogen auf die entstandenen Kosten errechnen. Bei Verwendung eines solchen Gewinnaufschlags bliebe jedoch außer Acht, dass A ihre Gewinne (z. B. aus dem Verkauf von Werbeflächen auf der zur Datenbank gehörigen Internetseite) auch auf Grundlage der von B erbrachten Dienstleistungen erzielt. Somit sind die Dienstleistungserbringungen der B von einem besonderen Wert für A.

Im vorstehenden Beispiel erfolgt eine Dienstleistungserbringung auf Basis eines immateriellen Wirtschaftsgutes, welches für den Leistungsempfänger in der konkreten Sachverhaltskonstellation eine besondere Werthaltigkeit entfaltet.[358] Während die CUSP aufgrund fehlender Vergleichsmöglichkeiten nicht herangezogen werden kann,[359] würde die Anwendung der CSPM die tatsächlichen wirtschaftlichen Gegebenheiten nicht sachgerecht abbilden.[360] So wäre es aus Sicht eines ordentlichen und gewissenhaften Geschäftsleiters nicht nachvollziehbar, durch die Verwendung eines fremdüblichen Gewinnaufschlagssatzes auf einen Teil des erzielbaren Gewinns zu verzichten.[361] Daher ist die Anwendbarkeit der CSPM insbesondere dann eingeschränkt, wenn konzerninterne Dienstleistungserbringungen (durch die Einbindung wertvoller immaterieller Wirtschaftsgüter oder einzigartiger Vermögensgegenstände) für den Leistungsempfänger von einem besonders hohen Wert sind.[362] In solchen Fällen ist eine Verrechnungspreisbestimmung auf Basis des durchsetzbaren Erfolgs vorzuziehen.[363]

---

[357] Vgl. Temp. Reg. § 1.482-9T (g) (2) Example 1.

[358] Weitere in Betracht kommende immaterielle Wirtschaftsgüter sind z. B. Lizenzen, Know-how, Marken etc.

[359] Selbst bei vorhandenen indirekt vergleichbaren Daten sind die Anwendungsmöglichkeiten der CUSP stark eingeschränkt, da Anpassungsrechnungen im Falle einbezogener immaterieller Wirtschaftsgüter i. d. R. nicht zur Herstellung verlässlicher Vergleichswerte beitragen können. Vgl. DAWID/DORNER, IWB, Fach 10, Gruppe 2, S. 1560.

[360] Vgl. GREINERT, RIW 2006, S. 453.

[361] Vgl. CASLEY, ITPJ 1999, S. 43.

[362] Vgl. BEETON/GUPTA, TPTP 2006, Vol. 7, No. 9, S. 19.

[363] Für diese Fälle erörtert die vorliegende Analyse die Anwendbarkeit der gewinnbezogenen Verrechnungspreismethoden (siehe Abschnitt 4.5.). Auf die Einbeziehung der Nachfrageseite bei der CSPM, die in der Literatur auf Basis der „Theorie des doppelten ordentlichen Geschäftsleiters" diskutiert wird, wird dagegen nicht eingegangen. Vgl. hierzu grundlegend FLICK, JbFSt 1981/82, S. 135; sowie ausführlich BAUMHOFF, DStR 1987, S. 499 f.

Den Erbringungskosten der mit der CSPM als verrechenbar anzusehenden Dienstleistungen ist ein fremdvergleichskonformer Gewinnaufschlag hinzuzurechnen.[364] Im Idealfall ist auf einen betriebsüblichen Gewinnaufschlag zurückzugreifen. Unterhält das betreffende Konzernunternehmen dagegen keine vergleichbaren Geschäfte mit konzernfremden Unternehmen, ist die unter fremden Dritten branchenübliche Marge für ähnliche Transaktionen unter vergleichbaren Verhältnissen heranzuziehen. Die Verwendung branchenüblicher Gewinnaufschläge erfordert neben der Funktions- und Risikoidentität der Vergleichsunternehmen eine Vergleichbarkeit der Dienstleistungen.[365] Da die CSPM, wie bereits dargestellt, geringere Vergleichbarkeitsanforderungen an die Tätigkeit selbst stellt, erscheint im Falle nicht verfügbarer Fremdvergleichswerte für ähnliche Dienstleistungen der Rückgriff auf betriebsintern oder -extern ermittelte Durchschnittsmargen für andere Arten von Dienstleistungen ebenso möglich.[366]

Aufgrund der vielfältigen Ermittlungsmöglichkeiten verwendbarer Gewinnaufschlagssätze ist eine flexible Anwendung der CSPM für die nach dieser Methode verrechenbaren individualisierten Konzerndienstleistungen gegeben. Lediglich im Falle nicht ermittelbarer angemessener Gewinnaufschläge ist die Anwendbarkeit der CSPM im Bereich der konzerninternen Dienstleistungen eingeschränkt.[367]

4.4.3.3. Anwendung der CSPM aus Sicht Deutschlands und der USA unter besonderer Berücksichtigung möglicher Doppelbesteuerungsrisiken

Sowohl in Deutschland als auch den USA werden seitens der Steuerbehörden keine konkreten Vorschriften hinsichtlich des für die Ermittlung der Dienstleistungskosten anzuwendenden Kostenrechnungsverfahrens gemacht.[368] Dem Steuerpflichtigen steht es nach den VGr vielmehr frei, die im Einzelfall zweckmäßigste Bestimmung der zu verrechnenden Dienstleistungskosten durchzuführen.[369] Dieses Wahlrecht kann unter der Voraussetzung der einzuhal-

---

[364] Die Fremdvergleichskonformität des Gewinnaufschlags ist ebenso durch die Gleichartigkeit der Kostenkomponenten der zu vergleichenden Transaktionen bzw. durch die Gleichartigkeit der Kostenrechnungssysteme der zu vergleichenden Unternehmen determiniert. Auf diesen Aspekt, vor allem auf die Notwendigkeit des Einblicks in die Kostenrechnung der zum Vergleich herangezogenen Unternehmen, wird im Weiteren nicht näher eingegangen. Vgl. hierzu OECD (2001), Tz. 2.36 ff.

[365] Vgl. ENGLER, in: VÖGELE/BORSTELL/ENGLER (2004), Kapitel O, Rn. 198.

[366] Vgl. ebd.

[367] Als allgemeines Beispiel hierzu siehe OECD (2001), Tz. 2.35. Ebenso kann ein Gewinnaufschlag nur unzureichend ermittelbar sein, wenn z. B. der Leistungserbringer eine marktführende Position innehat, und die somit erforderlichen Anpassungen des Gewinnaufschlags diesen Umstand nur auf ungenaue Weise berücksichtigen können.

[368] Vgl. Tz. 2.2.4. VGr; Temp. Reg. § 1.482-9T (e) (2) (iii).

[369] Vgl. KAMINSKI (2001), S. 99.

tenden Fremdvergleichbarkeit ebenfalls aus den US-Regulations abgeleitet werden.[370] Für die praktische Anwendung der CSPM aus Sicht Deutschlands und der USA ist demnach zu erwarten, dass eine in einem konkreten Sachverhalt ermittelte Kostenbasis der bilateralen steuerlichen Anerkennung unterliegt.

Die deutschen und US-amerikanischen Regelungen zum angemessenen Gewinnaufschlag sind mit einer, im Vergleich zu den Vorschriften zur Kostenbasis, ähnlichen Unbestimmtheit formuliert.[371] Gleichwohl erscheint die Gefahr von Besteuerungsproblemen in diesem Zusammenhang ungleich höher, da sich zur Angemessenheit einer Marge weder eine einheitliche Literaturmeinung noch eine einheitliche Bestimmungsmethode herausgebildet hat.[372] Die Auswertung der ergangenen Rechtsprechung zur Angemessenheit eines Gewinnaufschlags ergibt ebenfalls keine allgemein verwertbaren Hinweise. Nach deutscher Judikatur reicht die Spannweite der als angemessen erachteten Gewinnaufschläge von 5[373] bis 153 %[374]. Der Rechtsprechung des U.S. Tax Court sind in ähnlicher Weise lediglich einzelfallabhängige Einschätzungen zu entnehmen, auf deren Basis die Benennung eines allgemein gültigen Gewinnaufschlags nicht möglich ist.[375] Dieses Ergebnis ist in Anbetracht der in der Praxis regelmäßig festzustellenden spezifischen Funktions- und Risikoaufteilungen der Vergleichsunternehmen zutreffend, so dass die vorliegenden Rechtsurteile den Steuerpflichtigen kaum Richtwerte über die Höhe eines angemessenen Gewinnaufschlags vorgeben.[376] Daher erscheint es zweckdienlich, mit der Anwendung der CSPM unter Berücksichtigung der aus Sicht des Leistungserbringers abgesicherten Kostenerstattung das verbleibende allgemeine unternehmerische Risiko abzugelten. Für diesen Zweck ist ein Gewinnaufschlag in Höhe von 5 bis 10 % der Kostenbasis als sachgerecht anzusehen.[377]

Angesichts der bereits auf nationaler Ebene mit erheblichen Schwierigkeiten verbundenen Ermittlung des Gewinnaufschlags ist für die bilaterale Anerkennung eines nach der CSPM angesetzten Gewinnaufschlags ein erhöhtes Konfliktpotenzial anzunehmen. Zur Vermeidung künftiger Besteuerungsprobleme ist Steuerpflichtigen anzuraten, die Anforderungen der nationalen Finanzverwaltungen im Vorfeld zu berücksichtigen. Zu diesem Zweck ist eine detaillierte Analyse sämtlicher in Betracht zu ziehender Vergleichbarkeitsfaktoren durchzufüh-

[370] So heißt es in Temp. Reg. § 1.482-9T (e) (2) (iii): „Comparable transactional costs must be determined on a basis that will facilitate comparison with the comparable uncontrolled transactions."
[371] Vgl. Tz. 2.2.4. VGr; Temp. Reg. § 1.482-9T (e) (2) (ii).
[372] Vgl. KAMINSKI (2001), S. 104.
[373] Vgl. FG des Saarlandes, Urteil vom 18.12.1996, 1 K 257/94, EFG 1997, S. 486.
[374] Vgl. BFH-Urteil vom 23.6.1993, I R 72/92, BStBl. 1993 II, S. 804.
[375] Vgl. LAHODNY-KARNER (1988), S. 147.
[376] Vgl. WRIGHT/KEATES, ITPJ 1999, S. 32.
[377] Vgl. KAMINSKI (2001), S. 106.

ren.[378] Zur Unterstützung der Identifizierung angemessener Margen ist, wie auch im Rahmen der GSMM, auf die Verwendung von Unternehmensdatenbanken zu verweisen. Aus dem Blickwinkel international verbundener Unternehmen erscheint es wünschenswert, wenn sich die in Deutschland bestehende allgemeine Anerkennung eines 5 bis 10 %-igen Gewinnaufschlags[379] als Gegenstand eines internationalen Konsenses etablieren könnte.

4.5. Einzelabrechnung konzerninterner Dienstleistungen auf Basis gewinnbezogener Verrechnungspreismethoden

4.5.1. Prüfung des Einsatzes gewinnbezogener Verrechnungspreismethoden bei hochwertigen Konzerndienstleistungen

Die bisherigen Erörterungen zur Verrechnung konzerninterner Dienstleistungen der Höhe nach lassen einen bedeutenden Problembereich erkennen. Sofern die CUSP und die GSMM nicht herangezogen werden können, scheidet die Anwendung der CSPM als letzte verbleibende geschäftsfallbezogene Standardmethode ebenfalls aus, wenn eine nicht standardisierte (individualisierte) Dienstleistung vorliegt,

- bei der es sich aus Sicht des Leistungsempfängers (aufgrund der Einbindung wertvoller immaterieller Wirtschaftsgüter oder einzigartiger Vermögensgegenstände in den Leistungserbringungsprozess) um eine hochwertige Dienstleistungserbringung handelt und für diese Tätigkeit
- angemessene Gewinnaufschläge nicht bzw. nur unzureichend ermittelbar sind.

Dienstleistungen, die auf diese Weise charakterisiert werden können, lassen sich aufgrund ihres hohen Individualisierungsgrades nicht in bestimmte Kategorien zusammenfassen. Daher können Verrechnungspreise für derartige Leistungserbringungen nicht mit Hilfe von vorliegenden Vergleichsgeschäften bestimmt werden. Für hochwertige Konzerndienstleistungen ist stattdessen die Anwendbarkeit der gewinnbezogenen Verrechnungspreismethoden zu prüfen.

4.5.2. Nicht gegebene Anwendbarkeit der TNMM für hochwertige Konzerndienstleistungen

Die Verrechnungspreisbestimmung nach der TNMM ist durch den konkreten Transaktionsbezug dieser Methode gekennzeichnet. Die Ermittlung sachgerechter Verrechnungspreise ist an das Vorliegen vergleichbarer Dienstleistungserbringungen zwischen fremden Dritten gebunden. Das Erscheinungsbild der nicht mit Hilfe der Standardmethoden verrechenbaren Dienst-

[378] Vgl. SCHNORBERGER, ITPJ 1999, S. 60.
[379] So KAMINSKI (2001), S. 106.

leistungen steht jedoch der Erlangung von Fremdvergleichsdaten entgegen, da sich diese Dienstleistungstätigkeiten durch ihre spezifische Ausrichtung auf die Verhältnisse bzw. Bedürfnisse des leistungsempfangenden Konzernunternehmens auszeichnen.[380] Aus diesem Grund lässt sich der durch die TNMM geforderte Transaktionsbezug bei hochwertigen Konzerndienstleistungen aufgrund fehlender Vergleichsmöglichkeiten nicht herstellen.[381]

Diesen theoretischen Vorbehalten gegenüber der TNMM ist die Auffassung des BMF hinzuzufügen. Das BMF erweitert den methodischen Ansatz der TNMM dahingehend, dass eine geschäftsfallbezogene Betrachtungsweise der zu vergleichenden Transaktionen nur auf Ebene sog. Unternehmen mit Routinefunktionen möglich ist.[382] Bei diesem Unternehmenstypus handelt es sich nach der Definition des BMF um Unternehmen, die marktgängige Tätigkeiten ausführen, nur geringe Risiken übernehmen und zur Tätigkeitsausübung in nur geringer Weise auf zusätzliche Wirtschaftgüter zurückgreifen.[383] Eine derartige Unternehmensbeschreibung ist vor allem aber für solche Dienstleistungserbringer unzutreffend, deren Leistungserbringungsprozess durch den Einsatz immaterieller Wirtschaftsgüter begleitet ist.[384] Ebenso erscheint es zweifelhaft, inwiefern individualisierte Leistungen, für die Fremdvergleichsdaten weder für die Leistung selbst noch für einen angemessenen Gewinnaufschlag feststellbar sind, durch Unternehmen mit Routinefunktionen ausgeführt werden können.

Die Erläuterungen verdeutlichen, dass die Anwendbarkeit der TNMM für Dienstleistungen, die aufgrund ihrer individuellen Ausgestaltung nicht mit einer der drei transaktionsbezogenen Standardmethoden zu verrechnen sind, nicht gegeben ist. Die aus theoretischer Sicht fehlende Methodeneignung sowie die ausschließlich für bestimmte Unternehmenstypen bestehende Methodenanerkennung durch das BMF widersprechen der Anwendbarkeit der TNMM für die in diesem Abschnitt zu diskutierenden Dienstleistungen. Eine Analyse eventueller Besteuerungsprobleme ist wegen der zu verneinenden Anwendung der TNMM für hochwertige Konzerndienstleistungen nicht erforderlich.[385]

---

[380] Dies ist vor allem dann der Fall, wenn eine Dienstleistung Bestandteil einer wechselseitigen Leistungsbeziehung ist. Als allgemeines Beispiel siehe hierzu auch KAMINSKI/STRUNK, IStR 1999, S. 221.

[381] Für den Bereich der weltweiten Forschungs- und Entwicklungstätigkeiten (Global Development) so auch KAMINSKI/STRUNK, IStR 1999, S. 223.

[382] Vgl. Tz. 3.4.10.3 Buchst. b VG-Verfahren.

[383] Vgl. Tz. 3.4.10.2 Buchst. a VG-Verfahren.

[384] Vgl. GREINERT, RIW 2006, S. 453.

[385] Die dargelegte Nicht-Anwendbarkeit der TNMM betrifft die in diesem Abschnitt betrachtete Dienstleitungskategorie. Die Anwendbarkeit der TNMM als Substitut für eine Standardmethode wird dagegen nicht ausgeschlossen und bleibt für den Bereich der Konzerndienstleistungen herauszuarbeiten. Das Heranziehen der TNMM zur Verprobung eines mit Hilfe einer Standardmethode (insbesondere der GSMM) ermittelten Verrechnungspreises ist hingegen anerkannt. Vgl. hierzu HERVÉ/STOCK/BODENSTEIN, BC 2005, S. 223 sowie S. 225 f.

4.5.3. Anwendung der CPM

4.5.3.1. Theoretische Eignung der CPM für hochwertige Konzerndienstleistungen

Die Verwendung der TNMM für hochwertige Konzerndienstleistungen scheitert an dem Transaktionsbezug der Methode. Die CPM stellt hingegen nicht eine einzelne Transaktion in den Vordergrund, sondern erlaubt eine auf Geschäfts- oder Produktbereiche bezogene Verrechnungspreisbestimmung. Kann der Anteil einer einzelnen Dienstleistung nicht aus dem Betriebsgewinn eines Konzernunternehmens herausgelöst werden, ist die CPM als Ausweichmöglichkeit zur TNMM anzusehen.[386] Aus diesem Grund ist die theoretische Eignung der CPM für hochwertige Konzerndienstleistungen zu prüfen.

Die CPM stützt sich auf die Prämisse, dass die von vergleichbaren Unternehmen unter ähnlichen Bedingungen erzielten Betriebsergebnisse mit dem Betriebsergebnis des zu beurteilenden Konzernunternehmens vergleichbar sind.[387] Zur Gewährleistung der Fremdvergleichskonformität eines nach der CPM bestimmten Verrechnungspreises werden daher erhöhte Anforderungen an die Vergleichbarkeit der Unternehmen gestellt. Um diesen Anforderungen gerecht zu werden, sollte das nach dem Kriterium der geringsten Komplexität auszuwählende Konzernunternehmen nach Möglichkeit weder über wertvolle immaterielle Wirtschaftsgüter noch einzigartige Vermögensgegenstände verfügen.[388] Ist die Erbringung einer Dienstleistung durch ein solches Wirtschaftsgut flankiert, wäre für Fremdvergleichszwecke vorrangig auf den Leistungsempfänger als Vergleichsmaßstab abzustellen (sofern dieser nicht derartige Wirtschaftsgüter besitzt). Nach der ab dem 1.1.2007 geltenden US-Verrechnungspreisrichtlinie für Dienstleistungen ist ein solches Vorgehen jedoch nicht mehr möglich, da die Anwendbarkeit der CPM explizit an das Heranziehen des Leistungserbringers als zu Grunde zu legenden Vergleichsmaßstab geknüpft ist.[389] Somit ist die Anwendbarkeit der CPM für hochwertige konzerninterne Dienstleistungen, die unter Einbeziehung wertvoller immaterieller Wirtschaftsgüter erbracht werden, nicht gegeben.

Ebenso ist die der CPM anhaftende Unterstellung einer bestehenden Beziehung zwischen voneinander abweichenden vergleichbaren Betriebsergebnissen einerseits und angesetzten Konzernverrechnungspreisen andererseits kritisch zu sehen.[390] Selbst im Falle einer hinreichenden Vergleichbarkeit der betrachteten Konzern- und Fremdunternehmen ist zu hinterfra-

---

[386] Vgl. VÖGELE/RAAB, in: VÖGELE/BORSTELL/ENGLER (2004), Kapitel D, Rn. 274.
[387] Vgl. VÖGELE/RAAB, in: VÖGELE/BORSTELL/ENGLER (2004), Kapitel D, Rn. 252.
[388] Vgl. Temp. Reg. 1.482-9T (f) (1) i. V. m. Reg. § 1.482-5 (b) (2) (i).
[389] Vgl. Temp. Reg. § 1.482-9T (f) (2) (i).
[390] Vgl. JACOBS (2007), S. 774.

gen, ob Abweichungen der zu vergleichenden Betriebsgewinne allein auf die Verrechnung konzerninterner Transaktionen zurückzuführen sein können. In diesem Zusammenhang zu nennende gewinnbeeinflussende Faktoren, wie z. B. die Managementeffizienz als besonders problematisch zu quantifizierende Einflussgröße, werden aufgrund des methodischen Ansatzes der CPM nicht erfasst und erschweren die Bestimmung eines marktgerechten Verrechnungspreises erheblich.[391] Für konzerninterne Dienstleistungen sind als solche „weichen" Faktoren vor allem die Qualität und Fähigkeit des Personals hervorzuheben. Dementsprechend birgt die aggregierte Gewinnbetrachtung der CPM die Gefahr, dass die Verrechnungspreisermittlung für konzerninterne Dienstleistungen, für die fremdübliche Gewinnaufschlagssätze nicht ermittelbar sind, nach dieser Methode zu einem Ergebnis führt, zu dessen Erzielung der Steuerpflichtige de facto nicht in der Lage ist.[392] Insofern ist eine Verwendung der CPM in den Fällen, in denen einzelne Dienstleistungserbringungen nicht eindeutig abgrenzbar sind und zu Bündeln gleichartiger Leistungen zusammengefasst werden, kritisch zu sehen.

4.5.3.2. Anwendung der CPM aus Sicht Deutschlands und der USA unter besonderer Berücksichtigung möglicher Doppelbesteuerungsrisiken

In Einklang mit den methodischen Erwägungen zur CPM steht die ablehnende Haltung der deutschen Finanzverwaltung.[393] Nach den US-amerikanischen Verrechnungspreisrichtlinien ist die CPM dagegen nicht nur als gleichberechtigte Methode i. S. der Best Method Rule anwendbar, sondern in der Praxis als eine von der US-Finanzverwaltung regelmäßig verwendete Methode (wenngleich mit unterschiedlichen Renditekennzahlen) im Bereich der konzerninternen Dienstleistungen etabliert.[394] Bedingt durch die entgegengesetzte Auffassung der deutschen und US-amerikanischen Finanzbehörde besteht bei Anwendung der CPM im konzerninternen Dienstleistungsaustausch zwischen Deutschland und den USA, wie auch bei sonstigen Lieferungs- und Leistungsbeziehungen, eine generelle Besteuerungsproblematik.[395]

Während die deutsche Ablehnung der CPM durch die nicht sichergestellte Fremdvergleichskonformität eines nach dieser Methode ermittelten Verrechnungspreises begründet wird, kann die US-amerikanische Befürwortung der CPM aus verschiedenen Gründen erklärt werden. Zunächst ist der CPM eine hohe Praktikabilität zu attestieren, da unternehmensbezogene Informationen i. d. R. einfacher, zahlreicher und repräsentativer zu erheben sind als transakti-

---

[391] Vgl. VÖGELE/RAAB, in: VÖGELE/BORSTELL/ENGLER (2004), Kapitel D, Rn. 267.
[392] Vgl. HAMAEKERS, ITPJ 2003, S. 93.
[393] Vgl. Tz. 3.4.10.3 Buchst. d VG-Verfahren.
[394] Vgl. CHUNG u. a., TPTP 2006, Vol. 7, No. 5, S. 7. Der vollständige IRS Advance Pricing Agreement Report 2005 ist abrufbar unter http://www.irs.gov.
[395] Vgl. BAUMHOFF/DITZ/GREINERT, DStR 2005, S. 1553.

onsbezogene Vergleichsdaten.[396] Die Verfügbarkeit unternehmensbezogener Daten wird durch vorhandene und breit angelegte Unternehmensdatenbanken in den USA erleichtert.[397] Dabei gewährleistet der Rückgriff auf solche Datenbankinformationen eine hohe Datenqualität, da in den USA z. B. umfangreiche Veröffentlichungspflichten für Finanzinformationen bestehen.[398]

Die genannten Gründe verstärken die zunehmende praktische Bedeutung der CPM in den USA und verfestigen dadurch das Risiko auftretender Besteuerungsprobleme zwischen den USA und Staaten wie Deutschland, die der CPM keine Anerkennung entgegenbringen.[399] Da die Anwendungsvoraussetzungen der CPM bei Dienstleistungserbringungen auf Basis einzigartiger oder besonders wertvoller immaterieller Wirtschaftsgüter nicht gegeben sind, stellt sich die Doppelbesteuerungsproblematik für diese (hochwertigen) Tätigkeiten nicht. Liegen die zu erfüllenden Tatbestandsmerkmale dagegen vor, ist von einer Verwendung der CPM im Zusammenhang mit sonstigen konzerninternen Dienstleistungsbeziehungen zwischen deutschen und US-amerikanischen Unternehmen vorerst abzuraten. In diesen Fällen würde die z. B. aus Praktikabilitätsgründen erwogene Heranziehung der CPM auf US-Seite der Auffassung des BMF widersprechen und mögliche Doppelbesteuerungen auslösen.

Zur Lösung dieser generell bestehenden Doppelbesteuerungsgefahr bleibt abzuwarten, ob das BMF seine Position beibehält, und inwieweit die höchstrichterliche Rechtsprechung der Verwaltungsauffassung widerspricht. So erachtet der BFH die Verwendung von Datenbanken im Rahmen der Verrechnungspreisermittlung grundsätzlich als zulässig.[400] Ferner werden Verrechnungspreise durch den BFH in zunehmendem Maße anhand von Gewinnvergleichsmethoden überprüft.[401] Mit Blick auf die Praxis sind zu dieser aktuellen Situation zwei Anmerkungen anzufügen. Nach Literaturmeinung[402] erscheint die zunehmende praktische Bedeutung der CPM ebenso unbestritten wie auch zweckdienlich. Diese, nach Literaturansicht vertretene und in den USA vielfach praktizierte Verwendung der CPM als alternative Verrech-

[396] Vgl. SCHNORBERGER, IStR 1999, S. 525; HAMAEKERS, ITPJ 2003, S. 92.

[397] Vgl. REHKUGLER/VÖGELE, BB 2002, S. 1940.

[398] Vgl. VÖGELE/CRÜGER, IStR 2000, S. 516. Die US-Veröffentlichungspflichten im Bereich der Finanzberichterstattung wurden im Jahre 2002 durch den Sarbanes-Oxley Act (SOX) verschärft. Vgl. hierzu SCHWARTZ, in: LEXISNEXIS MATTHEW BENDER (2002), S. 13 ff.

[399] Vgl. WRIGHT, ITPJ 2000, S. 201.

[400] Vgl. BFH-Urteil vom 17.10.2001, I R 103/00, BStBl. 2004 II, S. 175.

[401] Vgl. BOGENSCHÜTZ, BB 2005, S. 1725. Eine Hinwendung zu den gewinnorientierten Verrechnungspreismethoden wird darüber hinaus in der Öffnung der Rechtsprechung und Finanzverwaltung gegenüber der sog. Transaktionsbündelung erkannt. Vgl. hierzu Bauer, DB 2008, S. 153.

[402] Vgl. KROPPEN/EIGELSHOVEN, IWB, Fach 3, Gruppe 1, S. 1601. SCHNORBERGER sieht in der flexibleren Verwendung der CPM die Lösung eines häufig auftretenden „Dilemmas." Vgl. hierzu SCHNORBERGER, IStR 1999, S. 525.

nungspreismethode, darf jedoch nicht die grundsätzliche Bevorzugung der transaktionsbezogenen Standardmethoden und der TNMM in Frage stellen.[403]

4.5.4. Anwendung der PSM

4.5.4.1. Theoretische Eignung der PSM für hochwertige Konzerndienstleistungen

Von den beiden in Abschnitt 2.3.3.3. vorgestellten Ausprägungen der PSM wird im Folgenden lediglich die Anwendung der Restgewinnmethode diskutiert. Von Ausführungen zur Methode der vergleichbaren Gewinnaufteilung wird an dieser Stelle abgesehen, da diese Variante im Verhältnis zu den weiteren Gewinnaufteilungsmethoden nachrangig herangezogen werden sollte.[404] Darüber hinaus wird sich im Folgenden zeigen, dass die Restgewinnmethode für die hier zu betrachtenden Konzerndienstleistungen eine geeignete Verrechnungspreismethode darstellen kann.[405]

Der methodische Ansatz der PSM bietet den Vorteil, dass sich die Verrechnungspreisermittlung für konzerninterne Transaktionen nicht unmittelbar an vergleichbaren Geschäften zwischen fremden Dritten orientiert.[406] Vielmehr reicht es zum Zwecke der Methodenanwendung aus, wenn mit Hilfe ermittelter Vergleichsunternehmen festgestellt werden kann, welchen Beitrag die einzelnen beteiligten Konzernunternehmen zum zu beurteilenden Transaktionsgewinn geleistet haben. Basierend auf dieser konzeptionellen Komponente behält die PSM im Vergleich zu den sonstigen Verrechnungspreismethoden insbesondere im Falle nicht vorhandener Vergleichstransaktionen ihre volle Leistungsfähigkeit bei.[407]

Ein weiterer positiv zu wertender Aspekt der PSM ist die Berücksichtigung aller am zu beurteilenden Sachverhalt teilhabenden Konzernunternehmen. Durch diesen doppelseitigen Ansatz wird sichergestellt, dass keines der Konzernunternehmen in unangemessen hoher oder geringer Weise am aufzuteilenden Gewinn partizipiert.[408] Hinsichtlich der Anwendbarkeit der PSM zur Verrechnungspreisbestimmung einzigartiger bzw. aus Sicht des Leistungsempfängers mit besonderer Werthaltigkeit versehener Dienstleistungserbringungen wird mit Hilfe des doppelseitigen Ansatzes und der danach zu treffenden Profit Split-Vereinbarung zwei wesentlichen Anforderungen entsprochen. Zunächst ist festzustellen, dass die Verwendung der

---

403 Vgl. WRIGHT, ITPJ 2000, S. 201; BEETON/GUPTA, TPTP 2006, S. 19; a. A. BOGENSCHÜTZ, BB 2005, S. 1725. Für eine vollständige Ablehnung der CPM vgl. HAMAEKERS, ITPJ 2003, S. 93.

404 Vgl. OECD (2001), Tz. 3.24.

405 Im weiteren Verlauf dieses Abschnitts werden die Termini „PSM“ und „Restgewinnmethode“ synonym verwendet.

406 Vgl. OECD (2001), Tz. 3.6.

407 Vgl. GANGEMI, in: FS FLICK (1997), S. 745 f.

408 Vgl. OECD (2001), Tz. 3.7.

PSM trotz fehlender Orientierung an Vergleichstransaktionen Ergebnisse hervorbringt, die i. d. R. als fremdvergleichskonform anzusehen sind.[409] Darüber hinaus stellt sich die Frage nach einer angemessenen Vergütung der Nonroutine Contributions, denen wegen ihrer Werthaltigkeit bzw. Einzigartigkeit ein besonderer Anteil an den aufzuteilenden Gewinnerzielungen zugewiesen werden kann. Nach der PSM können diese Leistungselemente unter Berücksichtigung der mit ihrer Hilfe erwirtschafteten Gewinnbestandteile abgegolten und einer sachgerechten Vergütung unterzogen werden.[410]

Neben diesen Vorteilen ist jedoch zu beachten, dass die PSM ebenso Nachteile aufweist. Ein schwerwiegender Vorbehalt gegenüber dieser Methode ist die Gefahr einer Gewinnaufteilung, die aufgrund fehlender Drittvergleichsmöglichkeiten auf einer dem Fremdvergleich nicht standhaltenden Bewertung der jeweils geleisteten Beiträge der beteiligten Konzerngesellschaften aufbaut, und somit nicht mit der erforderlichen Objektivität ausgestattet ist.[411] Diesem Nachteil einer eingeschränkten Fremdvergleichskonformität ist jedoch zu entgegnen, dass eine subjektiv angelegte Beitragsbewertung eher in der Lage ist, die der Leistungsausführung zu Grunde liegenden tatsächlichen Konzernverhältnisse abzubilden.[412] Einhergehend mit diesem Gegenargument ist anzufügen, dass die zuvor festgestellte Doppelseitigkeit der PSM unmittelbar zur Berücksichtung eines doppelten ordentlichen Geschäftsleiters führt.[413] Die dadurch sichergestellte Einbeziehung des konzerninternen Vertragspartners lässt die PSM von ihrer methodischen Vorgehensweise als geeignet erscheinen, eine dem Fremdvergleichsgrundsatz entsprechende Gewinn- und Restgewinnaufteilung durchzuführen.[414] Um diese aus theoretischer Sicht bestehende Methodeneignung entsprechend auszufüllen, ist zur Verdeutlichung der Angemessenheit einer vollzogenen Gewinn- bzw. Restgewinnaufteilung diese in ausführlicher Form gegenüber den beteiligten Steuerbehörden zu dokumentieren.[415]

Für die Anwendung der PSM ist weiterhin erforderlich, dass der aus einer Transaktion bzw. einem Bündel gleichartiger Transaktionen resultierende Gewinn aus dem gesamten Konzern-

[409] Vgl. GREINERT, RIW 2006, S. 454.

[410] Vgl. VÖGELE/KIRCHER, BB 2000, S. 1581; VÖGELE/KOBES, IStR 2001, S. 792.

[411] Vgl. OECD (2001), Tz. 3.8.

[412] Vgl. SCHUCH/TOIFL, in: KROPPEN, Handbuch Internationale Verrechnungspreise, Bd. II, Abschnitt O (Erläuterungen), zu Tz. 3.8, Anm. 3. A. A. ist BAUER, der in diesem Zusammenhang eine Überforderung des ordentlichen und gewissenhaften Geschäftsleiters konstatiert, und die Fremdüblichkeit einer Gewinnaufteilung anzweifelt. Vgl. hierzu BAUER, IStR 2006, S. 322.

[413] Vgl. PORTNER, IStR 1995, S. 357. Zum doppelten ordentlichen Geschäftsleiter siehe auch den Hinweis in Abschnitt 4.4.3.2. (Fn. 360).

[414] Die PSM steht damit bereits vom Ansatz her in Einklang mit der vom BFH als in bestimmten Fällen zur Erfüllung der Fremdvergleichsanforderungen notwendig erachteten Einbeziehung eines doppelten ordentlichen und gewissenhaften Geschäftsleiters. Für die BFH-Auffassung siehe BFH-Urteil vom 17.5.1995, I R 147/93, BStBl. 1996 II, S. 205.

[415] Vgl. VÖGELE/KOBES, IStR 2001, S. 792.

ergebnis separiert werden kann. Inwieweit dieser Forderung im Einzelfall entsprochen werden kann, richtet sich sowohl nach der Beschaffenheit des Rechnungswesens der involvierten Konzernunternehmen als auch der Einheitlichkeit der Gewinnermittlungsvorschriften der beteiligten Sitzstaaten.[416] Dabei ist es allerdings nicht ausreichend, den Transaktionsgewinn lediglich ermitteln zu können. Ebenso muss der Konzern dazu in der Lage sein, den Finanzverwaltungen einen Nachweis über den transaktionsbezogenen Gewinn zu erbringen.[417] Für die Praxis bedeutet dies, dass Steuerpflichtige den Finanzbehörden umfangreiche Einblicke in die Kosten- und Preisverhältnisse beider an der Gewinnaufteilung beteiligten Unternehmen gewähren müssen.[418] Sofern Steuerpflichtige zu einer Offenlegung der relevanten Daten gegenüber den Finanzbehörden nicht bereit sind, kann die PSM nicht zur Anwendung kommen.[419]

Im Ergebnis ist zu konstatieren, dass die PSM aus theoretischer Sicht als geeignete Verrechnungspreismethode für hochwertige Dienstleistungserbringungen angesehen werden kann. Um den eingeschränkten Fremdvergleichsbezug auszugleichen, sind jedoch erhöhte Anforderungen an die Objektivität der beteiligten Steuerpflichtigen sowie an die Dokumentation der Verrechnungspreisbildung zu stellen. Daneben sind die aus den Problembereichen resultierenden Erfordernisse hinsichtlich des Gewinn- bzw. Restgewinnaufteilungsmaßstabs, der Gewinnermittlungsvorschriften und der Offenlegungsbereitschaft der Steuerpflichtigen zu berücksichtigen. Denkbare Einsatzgebiete der PSM liegen z. B. bei Dienstleistungserbringungen innerhalb des Produktmanagements, der Produktentwicklung oder der Unternehmens- bzw. Konzernfinanzierung.[420]

4.5.4.2. Anwendung der PSM aus Sicht Deutschlands und der USA unter besonderer Berücksichtigung möglicher Doppelbesteuerungsrisiken

Bei der Überarbeitung der US-amerikanischen Verrechnungspreisrichtlinien bestand ein Anliegen des IRS darin, die Verrechnung konzerninterner Dienstleistungen auf Grundlage der PSM zu ermöglichen.[421] Die begriffliche Neufassung der US-Regulations, wonach die Restgewinnaufteilung nunmehr anhand der Wertbeiträge der Nonroutine Contributions zu erfol-

---

[416] Vgl. DIESSNER, in: VÖGELE/BORSTELL/ENGLER (2004), Kapitel D, Rn. 315; GREINERT, RIW 2006, S. 454.

[417] Vgl. KAMINSKI/STRUNK, IStR 1999, S. 221.

[418] Vgl. DIESSNER, in: VÖGELE/BORSTELL/ENGLER (2004), Kapitel S, Rn. 162.

[419] Vgl. KUCKHOFF/SCHREIBER (1997), Rz. 133.

[420] Vgl. VÖGELE/KIRCHER, BB 2000, S. 1582. Nach SCHOLZ kann sich ein weiteres Einsatzgebiet für die PSM im Bereich der verwaltungsbezogenen Dienstleistungen ergeben. Im Vergleich mit der CSPM, die von SCHOLZ als äquivalent zur PSM angesehen wird, erweist sich die PSM (besonders in Verlustsituationen) aufgrund ihrer höheren Flexibilität als vorteilhaft und verursacht bei ihrer Anwendung lediglich umfangreichere Dokumentationserfordernisse. Vgl. hierzu SCHOLZ, TPTP 2004, Vol. 5, No. 4, S. 14 ff.

[421] Vgl. DEPARTMENT OF THE TREASURY/IRS, REG-146893-02/REG-115037-00, Explanation of Provisions, Section A.1., TMTR 2003, Vol. 12, No. 9, S. 364.

gen hat, ist als Umsetzung dieses Vorhabens zu sehen und erlaubt eine Ausdehnung des PSM-Anwendungsbereichs auf Konzerndienstleistungen.[422] Dementsprechend wird in den neuen US-amerikanischen Verrechnungspreisvorschriften die Anwendbarkeit der PSM im Hinblick auf Konzerndienstleistungen erstmals explizit herausgestellt.[423] Der IRS sieht das Hauptanwendungsgebiet der PSM im Bereich von Dienstleistungen, in deren Leistungserbringungsprozess verschiedene Nonroutine Contributions eingebunden sind. Damit entspricht die Position des IRS den zuvor angestellten Überlegungen zur theoretischen Methodeneignung sowie der nach Literaturmeinung[424] ausdrücklich befürworteten Anwendung der PSM für hochwertige Dienstleistungen.

Anmerkung zu Beispiel 4:[425]

Im Beispiel 4 haben sowohl A als auch B jeweils ein für ihre Geschäftszwecke speziell zugeschnittenes immaterielles Wirtschaftsgut geschaffen. Beide Unternehmen haben die Entwicklung der Datenbank bzw. des Netzwerks finanziert und tragen die damit einhergehenden ökonomischen Risiken. Zur konzerninternen Vergütung der von B erbrachten Dienstleistungen sind Vergleichsunternehmen, die ihre Dienstleistungen unter Einbeziehung eines vergleichbaren Netzwerks bzw. eines ähnlichen immateriellen Wirtschaftsgutes erbringen, nicht vorhanden. Für die Verrechnungspreisermittlung wird daher die PSM herangezogen. Nachdem sämtliche Routinefunktionen von A und B aus dem von A erzielten Gewinn abgegolten sind, wird der zu verteilende Restgewinn auf Basis der Nonroutine Contributions zwischen A und B aufgeteilt. Der an B zu zahlende Verrechnungspreis muss dabei unter Berücksichtigung aller Funktionen und Risiken in einem angemessenen Verhältnis zum Restgewinnanteil von A stehen.

Die deutsche Finanzverwaltung sieht bei gegebener Nicht-Anwendbarkeit der transaktionsbezogenen Standardmethoden eine Verwendungsmöglichkeit der PSM z. B. bei der Gewinnabgrenzung sog. Strategieträger („Entrepreneure“).[426] Dabei verfügt ein als Entrepreneur zu charakterisierendes Unternehmen über die zur Durchführung von Geschäften wesentlichen materiellen und immateriellen Wirtschaftsgüter, übt die wesentlichen erfolgsentscheidenden Funktionen aus und übernimmt die wesentlichen Risiken. Der erwirtschaftete Gewinn des Entrepreneurs ist nach Ansicht des BMF eine Residualgröße, welche in Ermangelung von Vergleichsunternehmen keinen Fremdvergleich zulässt.[427] An dieser abstrakten Umschreibung des Entrepreneurs wird deutlich, dass sich ein derartiges Unternehmen in Bezug auf den Leistungserstellungsprozess insbesondere durch ein hohes Risikomaß sowie durch hoch spezifische Vermögensinvestitionen kennzeichnen lässt.[428] Damit scheint ein Entrepreneur genau mit denjenigen Merkmalen ausgestattet zu sein, die ebenso bei den im zuvor dargelegten Bei-

[422] Vgl. OSSI, TPTP 2004, Vol. 5, No. 2, S. 15; CHUNG u. a., TMTR 2006, Vol. 15, No. 8, S. 312.
[423] Vgl. Temp. Reg. § 1.482-9T (g) (1).
[424] Vgl. VÖGELE/KIRCHER, BB 2000, S. 1581.
[425] Für Beispiel 4 siehe Abschnitt 4.4.3.2.
[426] Vgl. Tz. 3.4.10.3 Buchst. c VG-Verfahren.
[427] Vgl. Tz. 3.4.10.2 Buchst. b VG-Verfahren.
[428] Vgl. BREM/TUCHA, IStR 2006, S. 501.

spielfall beteiligten Unternehmungen vorliegen.[429] Inwieweit sich für Steuerpflichtige aus dieser inhaltlichen Nähe zwischen der allgemein gehaltenen Position des BMF und des vom IRS angeführten konkreten Beispiels eine Möglichkeit eröffnet, betreffende Dienstleistungen unter Vermeidung von Besteuerungsproblemen nach der PSM zu verrechnen, bleibt vorerst unbeantwortet. Zu diesem Zweck wäre eine dem US-amerikanischen Vorbild folgende Ausdehnung des Anwendungsbereichs der PSM auf Konzerndienstleistungen notwendig. Ob das BMF diesem Beispiel folgt, bleibt abzuwarten.[430]

4.5.4.3. Rechtliche Ausgestaltung von Profit Split-Vereinbarungen

Sofern Steuerpflichtige die Erzielung einer sachgerechten Verrechnungspreisgestaltung mit der Verwendung der PSM als gewährleistet erachten, eröffnen sich vor dem Hintergrund der (bisher) unklaren Position des BMF zwei Möglichkeiten, Profit Split-Vereinbarungen rechtlich auszugestalten, und somit die Chancen einer steuerlichen Anerkennung zu erhöhen. Einerseits ist der Abschluss eines partiarischen Dienstvertrags in Erwägung zu ziehen.[431] Dabei ist jedoch zur Vermeidung eventueller Besteuerungsprobleme zu beachten, dass die beteiligten Finanzverwaltungen sowohl hinsichtlich des zu Grunde zu legenden Gewinn- bzw. Restgewinnaufteilungsmaßstabs als auch der zu verwendenden Gewinnermittlungsvorschriften zu einer übereinstimmenden Ansicht gelangen müssen.[432] Daher hängt die steuerliche Anerkennung einer vertraglich vereinbarten Gewinnbeteiligung des Dienstleistungserbringers am (transaktionsbezogenen) Gewinn des Leistungsempfängers maßgeblich von der Angemessenheit bzw. Fremdvergleichskonformität des sich ergebenden Ergebnisses ab.[433] Eine Minimierung bzw. ein Ausschluss der bei einer partiarischen Dienstvertragsgestaltung weiterhin bestehenden Doppelbesteuerungsrisiken ist in den Anwendungsfällen der PSM dagegen bei Abschluss eines bilateralen Advance Pricing Agreements (APAs) zu erreichen.[434] Mit der Einholung einer solchen verbindlichen Vorabzusage zu Verrechnungspreisgestaltungen (Verrechnungspreiszusage) können Steuerpflichtige per formeller Absprache mit den beteiligten Steuerbehörden eine konkrete Gewinnaufteilung vereinbaren und dadurch Doppelbesteuerungsrisiken umgehen. Im Lichte der vom BMF vollzogenen Annäherung an die PSM ist die Wahr-

[429] In Temp. Reg. § 1.482-9T (g) (2) Example 1 (ii) betont der IRS, dass die beiden involvierten Konzernunternehmen jeweils das ökonomische Risiko ihres Leistungsbeitrags übernehmen. Die einzelnen Leistungsbeiträge basieren auf eigens entwickelten immateriellen Wirtschaftsgütern, welche als spezifische Vermögensinvestitionen aufgefasst werden können.

[430] So auch BEUCHERT, IStR 2006, S. 609. Zudem wäre es erforderlich, die PSM als eine den Standardmethoden gleichrangige Methode aufzufassen. Siehe dazu auch Abschnitt 2.4.1.

[431] Vgl. VÖGELE/KIRCHER, BB 2000, S. 1581.

[432] Vgl. WERRA, IStR 1995, S. 463; KAMINSKI (2001), S. 194 f. sowie S. 203 f.

[433] Vgl. VÖGELE/KIRCHER, BB 2000, S. 1585.

[434] Vgl. GROTHERR, BB 2005, S. 865.

scheinlichkeit des Abschlusses bilateraler APAs zwischen Deutschland und den USA als erhöht einzuschätzen.[435]

4.6. Zwischenergebnis

Die Ergebnisse der vorstehenden Ausführungen zur theoretischen Eignung der aus deutscher und US-amerikanischer Sicht verfügbaren Verrechnungspreismethoden werden in der folgenden Abbildung 2 zusammengefasst. Dabei werden verschiedene Dienstleistungskategorien systematisiert und diesen anschließend die jeweils anzuwendende Verrechnungspreismethode zugeordnet.

[435] Vgl. GROTHERR, IStR 2005, S. 357.

Abbildung 2: Anzuwendende Verrechnungspreismethode in Abhängigkeit der Systematisierung einer zu verrechnenden Konzerndienstleistung

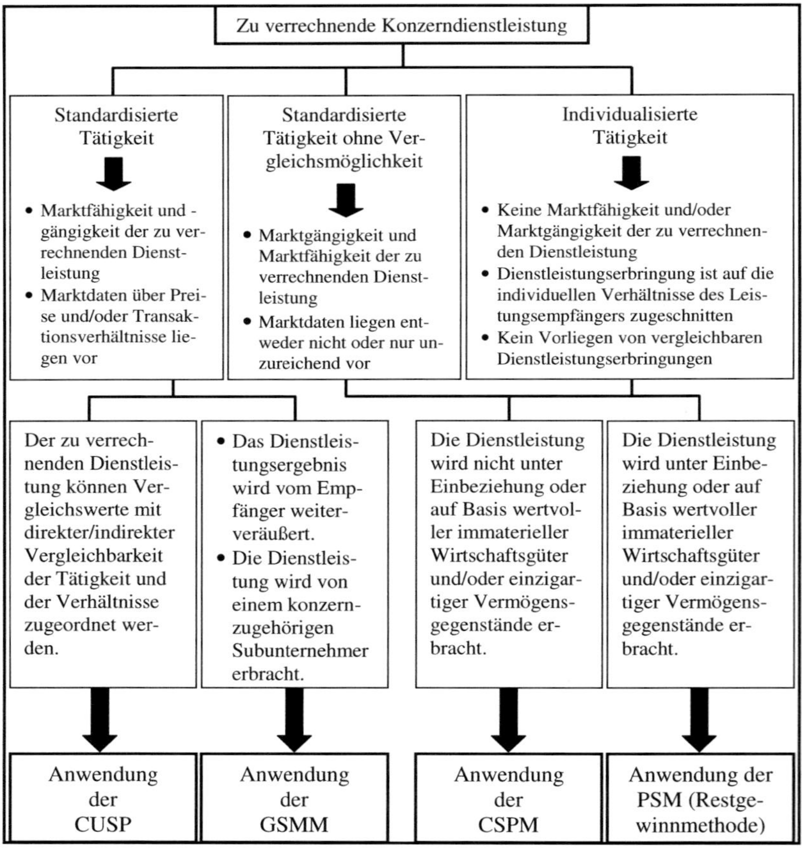

Quelle: Eigene Darstellung.

Wie Abbildung 2 verdeutlicht, ist eine zu verrechnende Konzerndienstleistung zunächst als standardisierte oder individualisierte Tätigkeit zu qualifizieren. Im Bereich der standardisierten Dienstleistungen entscheidet die Verfügbarkeit von zuverlässigen Vergleichsdaten über die Anwendbarkeit der CUSP. Sofern direkt oder indirekt vergleichbare Dienstleistungen feststellbar sind, werden die Anwendungsvoraussetzungen der CUSP erfüllt. In den Fällen der Weiterveräußerung eines Dienstleistungsergebnisses durch den Leistungsempfänger oder eingeschalteter konzernzugehöriger Subunternehmen ist die Anwendung der GSMM in Betracht zu ziehen. Können standardisierten Dienstleistungen hingegen keine adäquaten Vergleichswerte zugeordnet werden, stehen für diese Leistungsausführungen, wie auch für die individualisierten Dienstleistungen, die CSPM oder die PSM zur Verfügung. Welche dieser beiden Methoden in einem konkreten Sachverhalt heranzuziehen ist, richtet sich maßgeblich nach den im Leistungserstellungsprozess eingesetzten Ressourcen. Sofern wertvolle immaterielle Wirtschaftsgüter oder einzigartige Vermögensgegenstände in die Dienstleistungserbringung eingebunden sind, ist die PSM (in Form der Restgewinnmethode) der CSPM vorzuziehen.[436]

Die in diesem Kapitel vollzogene Untersuchung der Anwendbarkeit des in Deutschland und den USA anerkannten Methodeninstrumentariums erhebt nicht den Anspruch, jeder einzelnen Dienstleistungserbringung ausnahmslos die jeweils verlässlichste Verrechnungspreismethode zuzuweisen. Ist eine sachgerechte und damit risikolose Verrechnungspreisermittlung mit Hilfe der abgeleiteten Methodenvorschläge in Einzelfällen nicht gewährleistet, sollten die weiteren Überlegungen zur Verrechnungspreisgestaltung sowohl im Interesse der Steuerpflichtigen als auch der Finanzverwaltungen (bzw. Staaten) als vorrangiges Ziel die Vermeidung wirtschaftlicher Doppelbesteuerungen des internationalen Konzerns verfolgen.[437] Die Realisierung dieser Zielsetzung wird, wie im Rahmen der rechtlichen Ausgestaltung einer Profit Split-Vereinbarung, durch den Abschluss eines bilateralen APAs erreicht.[438] Im Bereich der Konzerndienstleistungen sollte insbesondere bei der Erbringung komplexer Dienstleistungen der Einsatz eines APAs als alternatives Verfahren zur Vermeidung von Verrechnungspreiskonflikten berücksichtigt werden.[439]

[436] Zur Identifizierung der im Einzelfall geeigneten Verrechnungspreismethode wird auf den Anhang verwiesen.
[437] Vgl. BOOS/REHKUGLER/TUCHA, DB 2000, S. 2393; KAMINSKI (2001), S. 52 ff.
[438] Vgl. HERZIG, in: FS DEBATIN (1997), S. 115.
[439] Vgl. GROTHERR, BB 2005, S. 863 f.

5. Schlussbetrachtung

In der vorliegenden Untersuchung wurden die wesentlichen Problembereiche der Bestimmung angemessener Verrechnungspreise für konzerninterne Dienstleistungen aus Sicht Deutschlands und der USA diskutiert. Bei der Erörterung der Verrechnung dem Grunde nach *(Kapitel 3)* wurde auf die nach deutscher und US-amerikanischer Auffassung unterschiedliche Abgrenzung der verrechenbaren von den nicht verrechenbaren Dienstleistungen eingegangen. Daraus resultierende Doppelbesteuerungsrisiken wurden besonders berücksichtigt. Anschließend wurde in *Kapitel 4* die Anwendbarkeit der in Deutschland und den USA zur Verfügung stehenden Verrechnungspreismethoden für Konzerndienstleistungen analysiert. Dabei wurden auf Basis methodischer Erwägungen zu den einzelnen Methoden konkrete Anforderungen an das Erscheinungsbild zu verrechnender Dienstleistungen herausgearbeitet und diesen die jeweils am besten geeignete Verrechnungspreismethode zugewiesen. Zur Würdigung der praktischen Einsatzmöglichkeiten der abgeleiteten Methodenvorschläge wurden aus deren Anwendung resultierende Doppelbesteuerungsprobleme aus Sicht Deutschlands und der USA identifiziert. Die Bearbeitung dieser Problembereiche hat zu den folgenden Ergebnissen geführt.

1. Die Unterscheidung in verrechenbare und nicht verrechenbare Konzerndienstleistungen wird in Deutschland nach dem betrieblichen Veranlassungskriterium und in den USA nach dem Benefit Test vollzogen. Nach deutscher Auffassung ist die Verrechenbarkeit einer Konzerndienstleistung gegeben, wenn die Leistungserbringung aufgrund einer betrieblichen Veranlassung des Leistungsempfängers erfolgt. Dies ist der Fall, wenn die Dienstleistung in einem objektiven Zusammenhang mit dem Betrieb des Empfängerunternehmens steht, und subjektiv dazu bestimmt ist, diesem zu dienen. Die US-Finanzverwaltung lässt eine Weiterbelastung zu, sofern als Resultat der Leistungsausführung ein erkennbarer ökonomischer Wertzuwachs beim Leistungsempfänger zu erwarten ist. Unter Würdigung des konkretisierenden Elements des Benefit Tests, der Zahlungs- oder Leistungsbereitschaft eines fremden Dritten, dürfte sich im Vergleich zum betrieblichen Veranlassungskriterium eine übereinstimmende Klassifikation schuldrechtlicher Leistungsbeziehungen ergeben. Dagegen resultiert aus dem Unterschied der beiden Abgrenzungskriterien ein voneinander abweichender Umfang des nicht verrechenbaren Gesellschafteraufwands. Nach dem betrieblichen Veranlassungskriterium ist der Umfang größer, da ein Teil dieser gesellschaftsrechtlich begründeten Tätigkeiten nach US-Auffassung die wirtschaftliche Position des Leistungsempfängers verbessert, und die Verrechenbarkeit dadurch erfüllt wird.

2. Die verrechenbaren Dienstleistungen unterliegen in Deutschland und den USA der Verrechnungspflicht. Zur Bestimmung eines angemessenen Verrechnungspreises stimmen die deutsche und US-amerikanische Finanzverwaltung lediglich im Hinblick auf die Anerkennung der transaktionsbezogenen Standardmethoden überein. Weitaus größere Differenzen bestehen dagegen in der Befürwortung gewinnbezogener Verrechnungspreismethoden. Während das BMF die in den USA gängige CPM ausdrücklich ablehnt, sind die TNMM und die PSM nach deutscher Auffassung nur bei Erfüllung zusätzlicher unternehmensbezogener Tatbestandsmerkmale anwendbar.

3. Die CUSP eignet sich zur Verrechnungspreisbestimmung für standardisierte Dienstleistungen freiberuflicher und gewerblicher Art sowie für standardisierte Leistungen aus den Bereichen EDV, Marketing und Auftragsforschung. Liegen die erforderlichen Fremdvergleichsdaten vor, ist eine aus bilateraler Sicht unproblematische Verrechnungspreisbestimmung möglich. Die Anwendung der GSMM bietet sich u. a. für die in der Praxis häufig erfolgenden Dienstleistungserbringungen konzernzugehöriger Subunternehmer an. Während die US-Regulations neben der GSMM die Verwendung der weiteren Standardmethoden für einen solchen Sachverhalt bestätigen, liegt seitens des BMF dazu keine konkrete Stellungnahme vor. Das Auftreten von Besteuerungsproblemen dürfte in diesen Fällen allerdings von geringer Wahrscheinlichkeit sein.

4. Für individualisierte Dienstleistungen, wie z. B. verwaltungsbezogene Leistungen, eignet sich die CSPM. Bei grenzüberschreitenden Leistungsbeziehungen können jedoch Probleme bei der Bemessung eines bilateral anzuerkennenden Gewinnaufschlags auftreten. Die alternative Verwendung der US-amerikanischen SCM, nach der Dienstleistungen mit einem fremdüblichen Gewinnaufschlag von bis zu 7 % der Dienstleistungskosten ohne Gewinnaufschlag verrechnet werden können, ist im Verhältnis zu Deutschland genau zu prüfen. Das Fehlen einer entsprechenden deutschen Safe Harbor-Regelung kann in bestimmten Fällen Besteuerungsrisiken verursachen.

5. Für die konzerninterne Weiterbelastung individualisierter und aus Sicht des Leistungsempfängers hochwertiger Dienstleistungserbringungen ist die Verwendung der TNMM und der CPM aus gemeinsamer Sicht Deutschlands und der USA auszuschließen. Dies liegt an dem eindeutigen und durch diese Dienstleistungskategorie nicht zu erfüllenden Transaktionsbezug der TNMM. Die Nicht-Anwendbarkeit der CPM ist auf die geforderte Zugrundelegung des Leistungserbringers als Vergleichsmaßstab zurückzuführen. Dagegen ist die PSM in Gestalt der Restgewinnmethode aus theoretischer Sicht zur Verrechnungspreisbestimmung

für hochwertige Konzerndienstleistungen geeignet. Hinsichtlich des praktischen Einsatzes der PSM im Bereich konzerninterner Dienstleistungen steht die deutlich bejahende Position des IRS der (bisher) unklaren Haltung des BMF gegenüber. Ein weitgehender Ausschluss der in diesem Zusammenhang bestehenden Doppelbesteuerungsgefahr kann dadurch erzielt werden, dass die rechtliche Ausgestaltung einer Profit Split-Vereinbarung durch den Abschluss eines bilateralen APAs vollzogen wird. Ebenso ist der Rückgriff auf ein bilaterales APA zu empfehlen, wenn eine angemessene Verrechnungspreisbestimmung (z. B. für komplexe Dienstleistungen) mit Hilfe der aufgeführten Verrechnungspreismethoden nicht gewährleistet ist.

Mit der am 31.7.2006 veröffentlichten Verrechnungspreisrichtlinie für konzerninterne Dienstleistungen hat der IRS erstmals umfassende Regelungen für diese Leistungskategorie herausgegeben. Im Gegensatz zu den deutschen Verrechnungspreisvorschriften, die lediglich die Auffassung der Finanzverwaltung darlegen, sind die US-Regulations für Steuerpflichtige und Finanzgerichte bindend. Damit wird die ab dem 1.1.2007 verbindlich anzuwendende Verrechnungspreisrichtlinie auch für deutsche Unternehmen, die im konzerninternen Dienstleistungsaustausch mit US-Unternehmen stehen, zu berücksichtigen sein. Inwieweit der IRS mit der neuen Richtlinie der deutschen Finanzverwaltung zur erforderlichen Überarbeitung der VGr[440] Impulse geben kann, bleibt abzuwarten. Mit den VG-Verfahren vom 12.4.2005 wurde durch die Hinwendung zu den gewinnbezogenen Verrechnungspreismethoden ein Harmonisierungsschritt vollzogen, der in Anbetracht der internationalen (und US-amerikanischen) Bedeutung dieser Methoden zu begrüßen ist.[441] Hinsichtlich des grenzüberschreitenden konzerninternen Dienstleistungsaustauschs werden vor dem Hintergrund der neugefassten US-Verrechnungspreisvorschriften vor allem folgende Aspekte künftig zu diskutieren sein.

1. Die Anwendung der Restgewinnmethode ist nach Ansicht des IRS bei Konzerndienstleistungen, in deren Leistungserstellungsprozess Nonroutine Contributions eingebunden sind, sachgerecht. Derzeit ist noch unklar, inwiefern dieser Methodenvorschlag von Steuerpflichtigen angenommen und praktisch umgesetzt wird. Sollte sich die Anwendung der Restgewinnmethode im Bereich der Konzerndienstleistungen durchsetzen und internationale Anerkennung erlangen, wäre der deutschen Finanzverwaltung zu empfehlen, sich von

[440] So ausdrücklich ENDRES/OESTREICHER, IStR 2003, Beihefter zu Heft 15, S. 8.

[441] Vgl. ARBEITSKREIS AUßENSTEUERRECHT BEIM INSTITUT DER WIRTSCHAFTSPRÜFER, in: STRUNK/WASSERMEYER/KAMINSKI (2006), S. 44.

diesem Ansatz leiten zu lassen.[442] Dazu wären der Anwendungsbereich der PSM sowie deren rangmäßige Einordnung anzupassen.

2. Der Vorstoß des IRS, mit der SCM eine neue Safe Harbor-Regelung einzuführen, wirft die Frage nach einer vergleichbaren Vorschrift in Deutschland auf. Es bleibt abzuwarten, mit welcher Flexibilität US-Steuerpflichtige von dem Anwendungswahlrecht der Methode Gebrauch machen und somit Besteuerungsprobleme aus Sicht Deutschlands und der USA verhindern können. Zur Vermeidung von Besteuerungsrisiken wäre als Alternative die Einführung einer vergleichbaren Safe Harbor-Regelung in Deutschland zu überdenken.[443]

3. Mit der Überarbeitung des Benefit Tests und der daraus resultierenden Begrenzung des nicht verrechenbaren Gesellschafteraufwands ist die Position des IRS nunmehr mit den OECD-Verrechnungspreisgrundsätzen zur Abgrenzung nicht verrechenbarer Dienstleistungen[444] vereinbar.[445] Es wäre zu begrüßen, wenn die deutsche Finanzverwaltung zum Ziele einer weiteren Vereinheitlichung der Abgrenzungsvorschriften diesem Vorbild folgen und die Beibehaltung der weiten Auslegung des Gesellschafteraufwands im Rahmen einer Überarbeitung der VGr in Frage stellen würde.[446] Damit könnte das Risiko auftretender Doppelbesteuerungsprobleme im Bereich der Gesellschaftertätigkeiten vermindert werden.

Die herausgestellten Punkte sind als mögliche Handlungsfelder einer künftigen grenzüberschreitenden Harmonisierung der Verrechnungspreisvorschriften anzusehen. Als jüngster Schritt in diese Richtung ist, vorbehaltlich einer genauen Analyse, die am 5.10.2006 erfolgte Veröffentlichung eines BMF-Schreibens zu APA-Verfahrensregelungen[447] zu nennen.[448] Weitere Aktivitäten der deutschen Finanzverwaltung werden mit Spannung erwartet.

---

[442] Grundlegend zum Erlass neuer BMF-Schreiben so auch ARBEITSKREIS AUßENSTEUERRECHT BEIM INSTITUT DER WIRTSCHAFTSPRÜFER, in: GS KRÜGER (2006), S. 49.

[443] Das Fehlen derartiger Regelungen wird z. B. von SCHNORBERGER bemängelt. Vgl. SCHNORBERGER ITPJ 1999, S. 60.

[444] Siehe OECD (2001), Tz. 7.6.

[445] Vgl. ALLEN/TOMAR/WRIGHT, ITPJ 2006, S. 279; CHUNG u. a., TMTR 2006, Vol. 15, No. 8, S. 313; HIGINBOTHAM/HARSHBARGER, TMTR 2006, Vol. 15, No. 12, S. 480.

[446] Vgl. ENGLER, in: VÖGELE/BORSTELL/ENGLER (2004), Kapitel O, Rn. 41.

[447] BMF-Schreiben vom 5.10.2006, IV B 4 – S 1341 – 38/06, BStBl. 2006 I, S. 594 ff.

[448] Sofern das Schreiben in Einklang mit den Regelungen der wichtigsten Handelspartnerstaaten Deutschlands bzw. den OECD-Verrechnungspreisgrundsätzen steht, dürfte dies die bilateralen Abstimmungsmöglichkeiten zwischen den Finanzverwaltungen erleichtern. Vgl. GROTHERR, IStR 2005, S. 360; GROTHERR, BB 2005, S. 867. Allgemein ist festzustellen, dass APA-Verfahren durch Steuerpflichtige vermehrt in Anspruch genommen werden. Vgl. BECKER, IStR 2007, S. 594. In diesem Zusammenhang sind ebenso die von der EU-Kommission bzw. des sog. EU-Verrechnungspreisforums (JTPF) ausgehenden Einflüsse auf die Einführung und Ausgestaltung von APA-Leitlinien zu beachten, denen es allerdings bislang an einem rechtsverbindlichen Charakter mangelt. Zu den APA-Leitlinien des JTPF siehe Mitteilung der Europäischen Kommission vom 26.2.2007, Über die Tätigkeit des Gemeinsamen EU-Verrechnungspreisforums im Bereich der Streitvermeidungs- und Streitbeilegungsverfahren und über Leitlinien für Verrechnungspreiszusagen in der EU, KOM 2007 (71).

Anhang

Fragenkatalog zur Bestimmung der Verrechenbarkeit einer Dienstleistung sowie zur Ermittlung der anzuwendenden Verrechnungspreismethode

Mit Hilfe des folgenden Fragenkatalogs wird die Verrechenbarkeit einer konzerninternen Dienstleistung unter Berücksichtigung des betrieblichen Veranlassungskriteriums überprüft und im Falle einer zu bejahenden Verrechenbarkeit die am besten geeignete Verrechnungspreismethode ermittelt. Für nähere Hinweise zu eventuellen Besteuerungsproblemen, die bei Anwendung einer vorgeschlagenen Verrechnungspreismethode im Verhältnis zu den USA auftreten können, ist die vorliegende Analyse hinzuzuziehen. Der Fragenkatalog berücksichtigt diesen Aspekt nicht.

Frage 1: Ist die Gesellschafterin am Dienstleistungsaustausch beteiligt?

- ⇨ Ja: Weiter mit Frage 3.
- ⇨ Nein: Weiter mit Frage 2.

Frage 2: Werden mit der Dienstleistungserbringung Gesellschafteraufgaben im Auftrag der Gesellschafterin ausgeführt?

- ⇨ Ja: Weiter mit Frage 3.
- ⇨ Nein: Weiter mit Frage 4.

Frage 3: Handelt es sich bei der Dienstleistung um eine gesellschaftsrechtlich begründete (im Interesse der Konzernobergesellschaft liegende) Tätigkeit oder um eine konkrete Bedarfsdeckung beim Leistungsempfänger?

- ⇨ Die Dienstleistungserbringung ist gesellschaftsrechtlich begründet: Die Dienstleistung ist nicht verrechenbar.
- ⇨ Die Dienstleistungserbringung deckt ein konkreten Bedarf des Leistungsempfängers: Weiter mit Frage 4.
- ⇨ Bei der Dienstleistung handelt es sich um eine Mischleistung: Die Dienstleistung ist in einen nicht verrechenbaren und einen verrechenbaren Teil aufzuspalten. Für letzteren ist mit Frage 4 fortzufahren.

Frage 4: Ist die Dienstleistungserbringung beim Leistungsempfänger betrieblich veranlasst bzw. hängt die Dienstleistungserbringung objektiv mit dem Betrieb des Leistungsempfängers zusammen und ist subjektiv dazu bestimmt, diesem zu dienen?

- ⇨ Ja: Weiter mit Frage 5.
- ⇨ Nein: Die Dienstleistung ist nicht verrechenbar.

Frage 5: Ist die Dienstleistung eindeutig abgrenzbar und messbar?

- ⇨ Ja: Weiter mit Frage 6.
- ⇨ Nein: Weiter mit Frage 8.

Frage 6: Wird die Dienstleistung im Interesse des Leistungsempfängers erbracht?

- ➪ Ja: Weiter mit Frage 7.
- ➪ Nein: Die Dienstleistung ist nicht verrechenbar.

Frage 7: Wird die Dienstleistung tatsächlich erbracht?

- ➪ Ja: Weiter mit Frage 9.
- ➪ Nein: Die Dienstleistung ist nicht verrechenbar.

Frage 8: Kann die Dienstleistung zu einem Bündel gleichartiger Leistungen zusammengefasst werden bzw. als ein solches abgegrenzt werden?

- ➪ Ja: Weiter mit Frage 9 (dort ist das abgrenzbare Bündel gleichartiger Dienstleistungen unter dem Begriff „Dienstleistung" zu subsumieren).
- ➪ Nein: Die fehlende Abgrenzungsmöglichkeit und damit einhergehende Problematik der Ermittlung von Fremdvergleichsdaten verhindert die Anwendung einer der verfügbaren Verrechnungspreismethoden. In diesem Fall ist der Abschluss eines bilateralen APAs in Betracht zu ziehen, um durch die Kooperation mit den beteiligten Finanzverwaltungen Rechts- und Planungssicherheit im konkreten Sachverhalt zu erlangen.

Frage 9: Wird die Dienstleistung in gleichartiger Form (z. B. hinsichtlich der Art der Tätigkeit, der Qualität der Leistung etc.) unter gleichartigen Bedingungen (z. B. hinsichtlich der Lieferungs- und Zahlungskonditionen, geografisch bedingter Preisbeeinflussungen etc.) an konzernfremde Leistungsempfänger bzw. unter fremden Dritten erbracht?

- ➪ Ja: Der mit dem konzernfremden Leistungsempfänger bzw. der unter fremden Dritten vereinbarte Marktpreis ist als Verrechnungspreis anzusetzen (Anwendung des inneren bzw. äußeren Preisvergleichs der CUSP)
- ➪ Nein, nicht in gleichartiger Form und/oder unter gleichartigen Bedingungen: Weiter mit Frage 10.
- ➪ Nein, wird nicht erbracht: Weiter mit Frage 11.

Frage 10: Können die aus den Leistungs- und/oder Verhältnisabweichungen resultierenden Preisbeeinflussungen quantifiziert und durch Anpassungsrechnungen beseitigt werden?

- ➪ Ja: Der mit dem konzernfremden Leistungsempfänger bzw. der unter fremden Dritten vereinbarte Marktpreis ist entsprechend zu korrigieren und als Verrechnungspreis anzusetzen (Anwendung des inneren bzw. äußeren Preisvergleichs der CUSP).

➪ Nein: Weiter mit Frage 11.

Frage 11: Kann das Ergebnis der Dienstleistungserbringung auf einem geeigneten Trägermedium zwischengespeichert werden?

➪ Ja: Weiter mit Frage 12.

➪ Nein: Weiter mit Frage 13.

Frage 12: Wird das zwischengespeicherte Ergebnis der Dienstleistungserbringung vom konzernzugehörigen Empfängerunternehmen an konzernfremde Unternehmen weiterveräußert und stimmen die vom Wiederverkäufer innerhalb der Vergleichstransaktionen übernommenen Funktionen und Risiken überein (ggf. mit Hilfe von Anpassungsrechnungen) bzw. wird eine ähnliche Geschäftsabwicklung unter fremden Dritten bei Funktions- und Risikoidentität des konzernfremden Wiederverkäufers zum Konzernunternehmen (ggf. mit Hilfe von Anpassungsrechnungen) vollzogen?

➪ Ja: Als Verrechnungspreis ist der Absatzpreis des Wiederverkäufers abzüglich einer nach dem inneren oder äußeren Preisvergleich der GSMM ermittelten Rohgewinnmarge (ggf. mit Hilfe von Anpassungsrechnungen) anzusetzen.

➪ Nein: Weiter mit Frage 13.

Frage 13: Wird die Dienstleistung durch ein konzernzugehöriges Subunternehmen ausgeführt und liegen für das „leistungsempfangende und wiederverkaufende" Konzernunternehmen (Auftragnehmer gegenüber dem fremden Dritten) adäquate Vergleichsdaten (ggf. mit Hilfe von Anpassungsrechnungen) vor?

➪ Ja: Als Verrechnungspreis ist der Absatzpreis des Auftragnehmers abzüglich einer nach dem inneren oder äußeren Preisvergleich der GSMM ermittelten Rohgewinnmarge (ggf. mit Hilfe von Anpassungsrechnungen) anzusetzen.

➪ Nein: Weiter mit Frage 14.

Frage 14: Wird die Dienstleistung auf Grundlage (bzw. unter Einbeziehung oder unter Einbindung) wertvoller immaterieller Wirtschaftsgüter und/oder einzigartiger Vermögensgegenstände, deren Wertbeitrag innerhalb des Leistungserstellungsprozesses nicht mit Hilfe von Vergleichsdaten ermittelt werden kann, erbracht?

➪ Ja: Weiter mit Frage 16.

⇨ Nein: Weiter mit Frage 15.

Frage 15: Werden ähnliche Dienstleistungen an konzernfremde Leistungsempfänger bei vergleichbarer Funktions- und Risikoübernahme sowie einheitlicher Ermittlung der Dienstleistungserbringungskosten (ggf. mit Hilfe von Anpassungsrechnungen) des Leistungserbringers erbracht bzw. unterhalten fremde Dritte ähnliche Dienstleistungsbeziehungen bei vergleichbarer Funktions- und Risikoverteilung sowie vergleichbarer Ermittlung der Dienstleistungserbringungskosten (ggf. mit Hilfe von Anpassungsrechnungen)?

⇨ Ja: Den Dienstleistungserbringungskosten des Konzernunternehmens ist ein nach dem inneren oder äußeren Preisvergleich der CSPM ermittelter Gewinnaufschlag (ggf. mit Hilfe von Anpassungsrechnungen) hinzuzurechnen. Das Ergebnis dieser Addition ist als Verrechnungspreis anzusetzen.

⇨ Nein: Weiter mit Frage 16.

Frage 16: Steht die Dienstleistung in Zusammenhang mit einer Transaktion bzw. einem Bündel gleichartiger Transaktionen, dessen erwirtschafteter Gewinn aus dem Gesamtergebnis des Konzerns herausgerechnet und gegenüber den Finanzverwaltungen nachgewiesen werden kann?

⇨ Ja: Weiter mit Frage 17.

⇨ Nein: Es ist der Abschluss eines bilateralen APAs in Betracht zu ziehen, um durch die Kooperation mit den beteiligten Finanzverwaltungen Rechts- und Planungssicherheit im konkreten Sachverhalt zu erlangen.

Frage 17: Stehen zur Bewertung der routinemäßigen Wertbeiträge zum Transaktionsgewinn adäquate Vergleichsunternehmen zur Verfügung und besteht eine Möglichkeit, die Wertbeiträge der eingesetzten Nonroutine Contributions (z. B. Dienstleistungen auf Grundlage wertvoller immaterieller Wirtschaftsgüter bzw. einzigartiger Vermögensgegenstände) sachgerecht (z. B. durch Berücksichtigung aktueller Marktwerte) zu bewerten?

⇨ Ja: Als Verrechnungspreis erhält der konzernzugehörige Dienstleistungserbringer als Vergütung seines Wertbeitrags einen mit Hilfe von Vergleichsunternehmen bzw. mit Hilfe weiterer zuverlässiger Daten ermittelten Anteil vom Gewinn des Dienstleistungsempfängers.

⇨ Nein: Es ist der Abschluss eines bilateralen APAs in Betracht zu ziehen, um durch die Kooperation mit den beteiligten Finanzverwaltungen Rechts- und Planungssicherheit im konkreten Sachverhalts zu erlangen.

Literaturverzeichnis

I. Kommentare und Loseblattausgaben

DEBATIN, HELMUT/WASSERMEYER, FRANZ (Hrsg.): Doppelbesteuerung, Stand: Oktober 2007.

FLICK, HANS/WASSERMEYER, FRANZ/BAUMHOFF, HUBERTUS: Außensteuerrecht, Stand: Dezember 2007.

HERRMANN, CARL/HEUER, GERHARD/RAUPACH, ARNDT: Einkommensteuer- und Körperschaftsteuergesetz, Stand: Dezember 2007.

HÜFFER, UWE: Aktiengesetz, 7. Aufl., München 2006.

KROPPEN, HEINZ-KLAUS (Hrsg.): Handbuch Internationale Verrechnungspreise, Stand: Oktober 2006.

SCHRÖDER, JOHANNES/MUUSS, HARRO (Hrsg.): Handbuch der steuerlichen Betriebsprüfung, Stand: Dezember 2007.

II. Monographien

BÜHLER, OTTMAR: Prinzipien des internationalen Steuerrechts, Amsterdam 1964.

BLUMENBERG, JENS/BENZ, SEBASTIAN: Die Unternehmensteuerreform 2008, Köln 2007.

DJANANI, CHRISTINA/BRÄHLER, GERNOT: Internationales Steuerrecht, 3. Aufl., Wiesbaden 2006.

FISCHER, LUTZ/KLEINEIDAM, HANS-JOCHEN/WARNEKE, PERYGRIN: Internationale Betriebswirtschaftliche Steuerlehre, 5. Aufl., Berlin 2005.

FROTSCHER, GERRIT: Internationales Steuerrecht, 2. Aufl., München 2005.

JACOBS, OTTO H. (Hrsg.): Internationale Unternehmensbesteuerung, 6. Aufl., München 2007.

KAMINSKI, BERT: Verrechnungspreisbestimmung bei fehlendem Fremdvergleichspreis, Neuwied/Kriftel 2001.

KOCH, ECKART: Globalisierung der Wirtschaft, München 2000.

KUCKHOFF, HARALD/SCHREIBER, ROLF: Verrechnungspreise in der Betriebsprüfung, München 1997.

LAHODNY-KARNER, ANDREA: Konzernverrechnungspreise im nationalen und internationalen Steuerrecht, Diss., Wien 1988.

MÖSSNER, MANFRED u. a. (Hrsg.): Steuerrecht international tätiger Unternehmen, 3. Aufl., Köln 2005.

OECD (Hrsg.): Verrechnungspreise und Multinationale Unternehmen, Köln 1987.

OECD (Hrsg.): Globalisation of Industry, Paris 1996.

OECD (Hrsg.): Transfer Pricing Guidelines for Multinational Enterprises and Tax Administrations, Paris 2001.

OESTREICHER, ANDREAS: Konzern-Gewinnabgrenzung, München 2000.

SCHMIDT, LUTZ/SIGLOCH, JOCHEN/HENSELMANN, KLAUS: Internationale Steuerlehre, Wiesbaden 2005.

THIELE, CLEMENS: Einführung in das US-amerikanische Steuerrecht, Wien 1998.

VÖGELE, ALEXANDER/BORSTELL, THOMAS/ENGLER, GERHARD: Handbuch der Verrechnungspreise, 2. Aufl., München 2004.

III. Beiträge in Sammelwerken

ARBEITSKREIS AUßENSTEUERRECHT BEIM INSTITUT DER WIRTSCHAFTSPRÜFER: Verrechnungspreise und Außensteuergesetz, in: Unternehmenssteuerrecht und Internationales Steuerrecht, Gedächtnisschrift für DIRK KRÜGER; hrsg. von GÜNTHER STRUNK/FRANZ WASSERMEYER/BERT KAMINSKI, Bonn/Berlin 2006, S. 19-51.

BAUMHOFF, HUBERTUS: Verrechnungspreise für Dienstleistungen – Gewerbliche Dienstleistungen, in: Internationale Verrechnungspreise zwischen Kapitalgesellschaften; hrsg. von HARALD SCHAUMBURG, Köln 1994, S. 29-44.

BECKER, HELMUT: Erschleichung der Abkommensberechtigung durch Zwischenpersonen, in: Grundfragen des Internationalen Steuerrechts; hrsg. von KLAUS VOGEL, Köln 1985, S. 171-193.

BRUHN, MANFRED: Dienstleistungsmarketing, in: Gablers Wirtschaftslexikon, 16. Aufl., Wiesbaden 2004, S. 697-702.

CLEMENT, REINER/TERLAU, WILTRUD: Globalisierung und Internationaler Standortwettbewerb, in: Einführung in das Internationale Management; hrsg. von HARALD MEIER/SIGMAR ROEHR, Herne/Berlin 2004, S. 33-56.

GANGEMI, BRUNO: Bestimmung der Verrechnungspreise, in: Unternehmen Steuern, Festschrift für HANS FLICK zum 70. Geburtstag; hrsg. von FRANZ KLEIN u. a., Köln 1997, S. 737-755.

HALLER, BIRGIT/HOLZER, PETER: 100 Jahre Verrechnungspreise, in: Wirtschaftsprüfung und Unternehmensüberwachung, Festschrift für WOLFGANG LÜCK; hrsg. von PETER WOLLMERT u. a., Düsseldorf 2003, S. 557-572.

HERZIG, NORBERT: Advance Pricing Agreements: Ein Instrument zur Vermeidung von Doppelbesteuerungen?, in: Außensteuerrecht Doppelbesteuerungsabkommen und EU-Recht im Spannungsverhältnis, Festschrift für HELMUT DEBATIN zum 70. Geburtstag; hrsg. von GABRIELE BURMESTER/DIETER ENDRES, München 1997, S. 107-120.

JOOS, CHRISTIAN: Die Erbringung von technischen Dienstleistungen unter steuerlichen Gestaltungsüberlegungen, in: Handbuch der internationalen Steuerplanung; hrsg. von SIEGFRIED GROTHERR, 2. Aufl., Herne/Berlin 2003, S. 471-502.

KLEINEIDAM, HANS-JOCHEN: Verrechnungspreise für immaterielle Wirtschaftsgüter – Lizenzen, in: Internationale Verrechnungspreise zwischen Kapitalgesellschaften; hrsg. von HARALD SCHAUMBURG, Köln 1994, S. 103-122.

LUTTER, MARCUS: Die rechtliche Struktur multinationaler Unternehmen, in: Aktuelle Fragen multinationaler Unternehmen; hrsg. von WILHELM F. BAYER/WALTER BUSSE VON COLBE/MARCUS LUTTER, Opladen 1975, S. 61-74.

LUTTER, MARCUS: Organzuständigkeiten im Konzern, in: Festschrift für WALTER STIMPEL zum 68. Geburtstag am 29. November 1985; hrsg. von MARCUS LUTTER/HANS-JOACHIM MERTENS/PETER ULMER, Berlin/New York 1985, S. 825-854.

MANGOLD, KLAUS: Mit Dienstleistungen in die globale Wirtschaft, in: Dienstleistungen im Zeitalter globaler Märkte; hrsg. von KLAUS MANGOLD, Wiesbaden 2000, S. 25-47.

MÜLLER, HERBERT/REISER, HAGEN: Die steuerliche Optimierung des Auslandsvertriebs, in: Handbuch der internationalen Steuerplanung; hrsg. von SIEGFRIED GROTHERR, 2. Aufl., Herne/Berlin 2003, S. 225-241.

NIEß, BERND: Verrechnungspreise für Dienstleistungen - Finanzdienstleistungen, in: Internationale Verrechnungspreise zwischen Kapitalgesellschaften; hrsg. von HARALD SCHAUMBURG, Köln 1994, S. 45-61.

RAUPACH, ARNDT: Verrechnung verwaltungsbezogener Leistungen, Forschung und Entwicklung im Konzern; Konzernumlagen, in: Verrechnungspreissysteme multinationaler Unternehmen; hrsg. von ARNDT RAUPACH, Herne/Berlin 1999, S. 166-173.

SCHEFFLER, EBERHARD: Zur Problematik der Konzernleitung, in: Bilanz- und Konzernrecht, Festschrift zum 65. Geburtstag von REINHARD GOERDELER; hrsg. von HANS HAVERMANN, Düsseldorf 1987, S. 469-485.

SCHERRER, GERHARD: Zur Problematik der Kostenzuschlagsmethode für die Ermittlung angemessener Verrechnungspreise, in: Steuer und Unternehmung, Festschrift zur Vollendung des 80. Lebensjahres von PETER SCHERPF; hrsg. von LUTZ FISCHER, Wiesbaden 1983, S. 345-362.

SCHWARTZ, BART: Implementation Procedures for the New Certification Requirements, in: The Sarbanes-Oxley Act of 2002; hrsg. von LEXISNEXIS MATTHEW BENDER, Newark/San Francisco 2002, S. 13-19.

IV. Zeitschriftenaufsätze

ALLEN, STEVE/TOMAR, RAHUL/WRIGHT, DELORIS R.: Sec. 482 Services Regulations: Implications for Multinationals, ITPJ 2006, S. 279-290.

ANWAR, NABEEL u. a.: Cost Sharing, Services and Intangibles: Recent Changes in Transfer Pricing Regulations, ITPJ 2004, S. 3-12.

BAUER, DAN: Verrechnungspreise zwischen mehreren Konzernstrategieträgern – Plädoyer für einen veranlassungsorientierten profit-split, IStR 2006, S. 320-324.

BAUER, DAN: Zusammenfassung von Geschäftsvorfällen bei der Verrechnungspreisplanung und -dokumentation, DB 2008, S. 152-158.

BAUMHOFF, HUBERTUS: Neuere Kriterien zur Bestimmung angemessener Verrechnungspreise im internationalen Konzern, DStR 1987, S. 497-500.

BAUMHOFF, HUBERTUS: Die Behandlung der Kostenaufschlagsmethode im neuen OECD-Bericht zu den Verrechnungspreisen, IStR 1996, S. 53-55.

BAUMHOFF, HUBERTUS: Aktuelle Entwicklungen bei den internationalen Verrechnungspreisen, IStR 2003, S. 1-6.

BAUMHOFF, HUBERTUS/DITZ, XAVER/GREINERT, MARKUS: Angemessenheit von Verrechnungspreisen gegenüber inländischen Vertriebsgesellschaften – Anmerkungen zum BFH-Urteil vom 06.04.2005, I R 22/04, IStR 2005, S. 592-594.

BAUMHOFF, HUBERTUS/DITZ, XAVER/GREINERT, MARKUS: Die Dokumentation internationaler Verrechnungspreise nach den „Verwaltungsgrundsätze-Verfahren“, DStR 2005, S. 1549-1556.

BAUMHOFF, HUBERTUS/DITZ, XAVER/GREINERT, MARKUS: Auswirkungen des Unternehmensteuerreformgesetzes 2008 auf die Ermittlung internationaler Verrechnungspreise, DStR 2007, S. 1461-1467.

BECKER, HELMUT: Internationale Konzernpreise und Konzernumlagen im Wandel, StbJb 1975/76, S. 473-499.

BECKER, HELMUT: Der „benefit-test" als Abgrenzungsmerkmal für Konzernumlagen, FR 1979, S. 521-526.

BECKER, HELMUT: West Germany: The Arm's-Length Principle and the "Reasonable Businessman", TPIR 1987, Vol. 14, No. 8, S. 8-17.

BECKER, HELMUT: The Future of Transfer Pricing, BIFD 1996, S. 535-537.

BECKER, HELMUT: Der ordentliche Geschäftsleiter und die Rechtsprechung des I. Senats des BFH, IWB, Fach 3, Gruppe 1, S. 1631-1638.

BECKER, HELMUT: Verwaltungsbezogene Leistungen im Konzern und die neuen Verwaltungsgrundsätze zu den Umlagen, IWB, Fach 3, Gruppe 2, S. 879-882.

BECKER, HELMUT: Die neuen US-Regulations zum Cost Sharing, IWB, Fach 8 USA, Gruppe 2, S. 827-830.

BECKER, KATHARINA: Seminar J: Verfahren zur Lösung von DBA-Konflikten, IStR 2007, S. 592-595.

BEETON, DANNY/GUPTA, SUSHMA: The Case for More Flexibility on Transactional Profit Methods, TPTP 2006, Vol. 7, No. 9, S. 19-20.

BEUCHERT, TOBIAS: Entwicklungen im Verrechnungspreissystem der USA am Beispiel der Verfahren DHL, Glaxo und Xilinx – Modell für Deutschland?, IStR 2006, S. 605-611.

BOGENSCHÜTZ, EUGEN: BB-Kurzkommentar zum BFH-Urteil vom 06.04.2005 (I R 22/04), BB 2005, S. 1725.

BOOS, MONICA/REHKUGLER, HEINZ: Immaterielle Wirtschaftsgüter – (Dis)Harmonien der Transfer Pricing Vorschriften im internationalen Vergleich – Teil I, IStR 2002, S. 532-536.

BOOS, MONICA/REHKUGLER, HEINZ/TUCHA, THOMAS: Internationale Verrechnungspreise – Ein Überblick, DB 2000, S. 2389-2393.

BORSTELL, THOMAS/HILLRINGHAUS, DIETER: Auswirkungen der Einführung des Euro auf die Bestimmung von Konzernverrechnungspreisen, IStR 1998, S. 205-208.

BORSTELL, THOMAS/WEHNERT, OLIVER: Lizenzzahlungen im Konzern, IStR 2001, S. 127-128.

BREEN, JOHN, in: MOSES, MOLLY/WRIGHT, TAMU: Temporary Services Rules Eliminate Need For Some, But Not All, Analysis, Breen Says, TMTR 2006, Vol. 15, No. 9, S. 331-332.

BREEN, JOHN, in: o. V.: Branch 6 Chief Clarifies Application of Cost Method, Other Aspects of New Temporary Services Regulations, TMTR 2006, Vol. 15, No. 9, S. 338-342.

BREM, MARKUS/TUCHA, THOMAS: Dokumentation von Verrechnungspreisen: zur Strukturierung der Angemessenheitsanalyse, IStR 2006, S. 499-504.

BROWN, ROGER, in: MOSES, MOLLY: Practitioners Hail Temporary Rules' List of Eligible Services But Express Concern About Regulations' Acceptance Abroad, TMTR 2006, Vol. 15, No. 8, S. 287-290.

CASLEY, ANDREW: The Basic Framework of the Cost-Plus Method, ITPJ 1999, S. 38-44.

CHUNG, KERWIN u. a.: New Services and Intangibles Regulations: IRS Changes the Mix, TMTR 2006, Vol. 15, No. 8, S. 308-319.

CHUNG, KERWIN u. a.: The APA Code: Hidden Messages in the 2005 IRS APA Annual Report, TPTP 2006, Vol. 7, No. 5, S. 3-10.

CLARK, DICK/MIMO, ELLA: Service Company Profitability: Results from an Empirical Analysis, TMTR 2004, Vol. 12, No. 21, S. 1027-1034.

DAWID, ROMAN/DORNER, KLAUS: Anpassungsrechnungen bei Anwendung der Preisvergleichsmethode im Rahmen der Bestimmung konzerninterner Verrechnungspreise, IWB, Fach 10, Gruppe 2, S. 1549-1562.

DENDORFER, WILHELM: Seminar D: Formen der bundesstaatlichen Besteuerung in den USA, IStR 2001, S. 545-551.

EDEN, LORRAINE/LENWAY, STEFANIE: Introduction to the Symposium Multinationals: The Janus Face of Globalization, JIBS 2001, S. 383-400.

EGGERS, WINFRIED: Die neuen OECD-Guidelines zu den internationalen Verrechnungspreisen – Entstehungsgeschichte und Hintergründe, DStR 1996, S. 393-399.

ENDRES, DIETER/OESTREICHER, ANDREAS: Grenzüberschreitende Ergebnisabgrenzung: Verrechnungspreise, Konzernumlagen, Betriebsstättengewinnermittlung – Bestandsaufnahme und Neuentwicklungen, IStR 2003, Beihefter zu Heft 15, S. 1-16.

FINSTERWALDER, OLIVER: Bemessung von Verrechnungspreisen bei grenzüberschreitenden Know-how-Überlassungen im Konzern, IStR 2006, S. 355-360.

FLICK, HANS: Steuerliche Abzugsfähigkeit von Forschungskosten ausländischer Konzernspitzen, BB 1973, S. 286.

FLICK, HANS: Deutsche Verwaltungsgrundsätze zu internationalen Verrechnungspreisen aus der Sicht der Unternehmen, JbFSt 1981/82, S. 133-142.

FOLEY, SEAN F. u. a.: Opportunities, Pitfalls Accompany Temporary Rules On Intercompany Services, Intangibles Transactions, TMTR 2006, Vol. 15, No. 9, S. 359-363.

FRISCHMUTH, MARKUS: UntStRefG 2008 und Verrechnungspreise nach § 1 AStG n. F., IStR 2007, S. 485-489.

GIANNATTASIO, BRIAN: Provision of Services under US Transfer Pricing Rules, ITPJ 1999, S. 110-120.

GREINERT, MARKUS: Besonderheiten bei der Dokumentation internationaler Verrechnungspreise im Fall der Übertragung und Nutzungsüberlassung immaterieller Wirtschaftsgüter, RIW 2006, S. 449-455.

GROTHERR, SIEGFRIED: Advance Pricing Agreements – Verfahren zur Vermeidung von Verrechnungspreiskonflikten, BB 2005, S. 855-867.

GROTHERR, SIEGFRIED: Überlegungen zur Ausgestaltung von speziellen Verfahrensregelungen für Advance Pricing Agreements, IStR 2005, S. 350-360.

HAMAEKERS, HUBERT: The Comparable Profits Method and the Arm's Length Principle, ITPJ 2003, S. 90-93.

HARTMANN, DAVID E./LINDGREN, JOHN H.: Consumer Evaluations of Goods and Services, JSM 1993, Vol. 7, No. 2, S. 4-15.

HERVÉ, YVES/VON JESCHE, LARS: Praxishinweise zu den neuen Dokumentationspflichten bei Verrechnungspreisen, BC 2003, S. 125-129.

HERVÉ, YVES/STOCK, OLIVER/BODENSTEIN, ROLAND: Dokumentation der Angemessenheit von Verrechnungspreisen in der Praxis, Teil III: Wiederverkaufspreismethode, BC 2005, S. 221-226.

HERZIG, NORBERT: Globalisierung und Besteuerung, WPg 1998, S. 280-296.

HIGINBOTHAM, HARLOW N./HARSHBARGER, STUART L.: Identifying Relevant Intercompany Activities, Quantifying Measurable Benefits Under the Temporary U.S. Services Rules, TMTR 2006, Vol. 15, No. 12, S. 477-484.

HINTZEN, BRIGITTE: Die Zwischenholding als Strukturelement internationaler Konzerne, DStR 1998, S. 1319-1324.

HIRSCH, GEORG F.: Krauts vs. Yankees – New German Transfer Pricing Rules Compared to their U.S. Counterparts, TPTP 2005, Vol. 6, No. 10, S. 8-19.

ISENSEE, TOBIAS: Die Ermittlung des Verrechnungspreises bei Konzernvertriebsunternehmen, IStR 2001, S. 693-696.

KAMINSKI, BERT/STRUNK, GÜNTHER: Verrechnungspreisaspekte von Geschäften im Internet, IStR 1999, S. 217-224.

KAMINSKI, BERT: Umlagen bei konzerninternen Leistungen, IWB, Fach 3, Gruppe 2, S. 891-912.

KAMINSKI, BERT/STRUNK, GÜNTHER: Auswirkungen des BFH-Urteils vom 17.10.2001 auf die Verrechnungspreisbestimmung, IWB, Fach 3, Gruppe 1, S. 1831-1856.

KIRSCHENBAUM, ROBERT S. u. a.: At your Service(s), JIT 2003, Dec, S. 10-48.

KLEIN, KLAUS-GÜNTER: Die Verrechnung konzerninterner Dienstleistungen durch Kostenumlagen, DB 1984, S. 2049-2054.

KLEIN, MANFRED: Verdeckte Gewinnausschüttungen bei Lieferbeziehungen im internationalen Konzern, BB 1995, S. 225-229.

KLEINEIDAM, HANS-JOCHEN: Fremdvergleichsgrundsatz und strategische Rente globaler Unternehmenspolitik, IStR 2001, S. 724-728.

KLINGEBIEL, NORBERT/ANDREAS, JÖRN MICHAEL: Outsourcing im Rechnungswesen, DStR 2005, S. 981-986.

KORFF, MATTHIAS: Dienstleistungsverrechnung zwischen deutsch-US-amerikanischen Konzernunternehmen, IStR 2008, S. 44-51.

KROPPEN, HEINZ-KLAUS/EIGELSHOVEN, AXEL: Die Bestimmung angemessener Verrechnungspreise mit Hilfe des externen Betriebsvergleichs, IWB, Fach 3, Gruppe 1, S. 1587-1602.

KROPPEN, HEINZ-KLAUS/RASCH, STEPHAN/EIGELSHOVEN, AXEL: Die Behandlung der Funktionsverlagerungen im Rahmen der Unternehmensteuerreform 2008 und der zu erwartenden Verwaltungsgrundsätze-Funktionsverlagerung, IWB, Fach 3, Gruppe 1, S. 2201-2230.

KUCKHOFF, HARALD/SCHREIBER, ROLF: Grenzüberschreitende Funktionsverlagerung aus Sicht der Betriebsprüfung (Teil I), IStR 1999, S. 321-330.

KUCKHOFF, HARALD/SCHREIBER, ROLF: Die neuen Verwaltungsgrundsätze zu den Umlageverträgen (Teil I), IStR 2000, S. 346-351.

MANSORI, KASHIF S./WEICHENRIEDER, ALFONS J.: Tax Competition and Transfer Pricing Disputes, FA 2001, S. 1-11.

MOXTER, ADOLF: Offene Probleme der Rechnungslegung bei Konzernunternehmen, ZfhF 1961, S. 641-653.

NEIGHBOUR, JOHN: Transfer pricing: Keeping it at arm's length, OECD Observer 2002, No. 230, S. 29-30.

OESTREICHER, ANDREAS: Neufassung der Verwaltungsgrundsätze zur Prüfung der Einkunftsabgrenzung durch Umlageverträge zwischen international verbundenen Unternehmen, IStR 2000, S. 759-768.

OESTREICHER, ANDREAS: Die Bedeutung von Datenbankinformationen bei der Dokumentation von Verrechnungspreisen, StuW 2006, S. 243-254.

OESTREICHER, ANDREAS/DUENSING, MATTHIAS: Eignung von Unternehmensdatenbanken zur Bestimmung der Verrechnungspreise an deutsche Vertriebsunternehmen, IStR 2005, S. 134-144.

OSSI, GREGORY u. a.: Proposed New Section 482 Regulations, TPTP 2004, Vol. 5, No. 2, S. 11-22.

o. V.: Stellungnahme des BMF zum neuen Verrechnungspreisbericht des OECD-Rates, IStR 1995, S. 384-385.

PELZER, DIRK: US-Verrechnungspreise: Verschärfte Prüfung von internationalen Rechtsbeziehungen und Festsetzung von Geldbußen, IStR 2003, S. 825-828.

POPKES, WARNER BEREND J.: Konzernverrechnungspreise für EDV-Leistungen, DB 1990, S. 1829-1832.

PORTNER, ROSEMARIE: Zwischenstaatliche Gewinnabgrenzung – Profit Split in Sonderbereichen, IStR 1995, S. 356-360.

PRZYSUSKI, MARTIN: Management Fees and Other Intra-group Service Charges – Part II – The Evaluation Process, TPTP 2006, Vol. 7, No. 3, S. 11-20.

PRZYSUSKI, MARTIN: Management Fees and Other Intra-group Service Charges – Part III – The Documentation Process, TPTP 2006, Vol. 7, No. 5, S. 25-31.

PRZYSUSKI, MARTIN/LALAPET, SRINI/SWANEVELD, HENDRIK: Determination of Intangible Property Ownership in Transfer Pricing Analyses, TNI 2004, Vol. 33, No. 3, S. 285-296.

RASCH, STEPHAN/FISCHER, ROBERT: Die neuen Final and Temporary US-Regulations zu konzerninternen Dienstleistungen, DB 2007, S. 878-883.

RASCH, STEPHAN/MANK, KATHARINA: Die „Proposed US Cost Sharing Regulations" – was der Steuerpflichtige bei der gemeinsamen Entwicklung von immateriellen Wirtschaftsgütern zu beachten haben wird, IStR 2006, S. 643-648.

REHKUGLER, HEINZ/VÖGELE, ALEXANDER: Quantitative Verfahren der Prüfung von Verrechnungspreisen – Perspektiven und offene Fragen, BB 2002, S. 1937-1945.

ROSENBERG, JOEL B. u. a.: Transfer Pricing Comparability: Concepts, Methods and Applications, CBTM 2003, Vol. 5, December, S. 4-30.

SALZBERGER, WOLFGANG: Unitary Taxation – Vorbild für eine Konzernbesteuerung in der Europäischen Union?, IStR 1999, S. 97-103.

SCHEFFLER, WOLFRAM: Die Verrechnungspreisgestaltung bei international tätigen Unternehmen – dargestellt am Beispiel der Kostenumlage für verwaltungsbezogene Dienstleistungen, ZfbF 1991, S. 471-489.

SCHNORBERGER, STEPHAN: The Cost-plus Method: Determination of Margin and Cost, ITPJ 1999, S. 56-63.

SCHNORBERGER, STEPHAN: Unzulässigkeit gewinnvergleichender Verrechnungspreismethoden in Deutschland?, IStR 1999, S. 523-527.

SCHNORBERGER, STEPHAN/BRODERSEN, CHRISTIAN: Germany, TMTR 2005, Special Report „European Transfer Pricing Law and Developments", Vol. 14, No. 10, S. 11-14.

SCHOLZ, CHRISTIAN M.: Bestimmung von Verrechnungspreisen anhand der angemessenen Kapitalverzinsung, IStR 2004, S. 209-214.

SCHOLZ, CHRISTIAN M.: Challenging Conventional Wisdom: Management Service Compensation Based on Profit Split, TPTP 2004, Vol. 5, No. 4, S. 14-17.

SCHRÖDER, SIEGFRIED: Grenzüberschreitender Liefer- und Leistungsverkehr zwischen verbundenen Unternehmen im Außensteuerrecht, StBp 1981, S. 6-16.

STOCK, FRIEDHELM/KAMINSKI, BERT: Die Ermittlung von Verrechnungspreisen für konzerninterne fremdbeziehbare Dienstleistungen im internationalen Konzern, IStR 1997, S. 449-455.

STOCK, FRIEDHELM/KAMINSKI, BERT: Dienstleistungen auf Abruf in der Verrechnungspreispraxis, DB 1997, S. 1052-1055.

STOCK, FRIEDHELM/KAMINSKI, BERT: Anmerkungen zum Gewinnaufschlag bei Konzernumlagen, IStR 1998, S. 7-10.

TUCHA, THOMAS: Der Einsatz von Unternehmensdatenbanken im Rahmen von Verrechnungspreisanalysen: Möglichkeiten und Grenzen, IStR 2002, S. 745-752.

VÖGELE, ALEXANDER/CRÜGER, ARWED: Datenbanken für Transferpreisstudien in Deutschland, IStR 2000, S. 516-521.

VÖGELE, ALEXANDER/KIRCHER, MARKUS: Im Blickpunkt: Partiarischer Dienstvertrag im internationalen Konzern, BB 2000, S. 1581-1585.

VÖGELE, ALEXANDER/KOBES, MELANIE: Verrechnungspreise im Asset Management, IStR 2001, S. 787-792.

WALDENS, STEFAN/KÖPLIN, MANFRED: Strategisches Verrechnungspreismanagement – so sind Sie am Markt eine Armlänge voraus, PIStB 2006, S. 159-164.

WASSERMEYER, FRANZ: Einkünftekorrekturnormen im Steuersystem, IStR 2001, S. 633-638.

WASSERMEYER, FRANZ: Modernes Gesetzgebungsniveau am Beispiel des Entwurfs zu § 1 AStG, DB 2007, S. 535-539.

WEBER-FAS, RUDOLF: Völkerrecht und Steuerhoheit, RIW 1979, S. 585-587.

WEHNERT, OLIVER: Generalthema I: Verrechnungspreise und immaterielle Wirtschaftsgüter, IStR 2007, S. 558-561.

WEHNERT, OLIVER u. a.: Dokumentation von Verrechnungspreislisten: Ausgewählte Aspekte der Verwaltungsgrundsätze – Verfahren (Teil I), IStR 2005, S. 714-720.

WERRA, MATTHIAS: Der 1995-OECD-Bericht zu den Verrechnungspreisen (Teil I), IStR 1995, S. 457-464.

WERRA, MATTHIAS: Zweifelsfragen bei der Dokumentation von Verrechnungspreisen – zum Entwurf der Verwaltungsgrundsätze – Verfahren zur Einkunftsabgrenzung zwischen internationalen Unternehmen, IStR 2005, S. 19-23.

WRIGHT, DELORIS R.: Practical Application of Transactional Profit Methods, ITPJ 2000, S. 198-203.

WRIGHT, DELORIS R./KEATES, HARRY A.: The Cost-plus Method, ITPJ 1999, S. 26-32.

V. Sonstige Quellen

a) Rechtsprechung

BFH-Urteil vom 16.3.1967, I 261/63, BStBl. 1967 III, S. 626-627.

BFH-Urteil vom 16.12.1970, I R 44/67, BStBl. 1971 II, S. 235-237.

BFH-Urteil vom 9.10.1980, IV R 81/76, BStBl. 1981 II, S. 29-31.

BFH-Urteil vom 28.11.1980, VI R 193/77, BStBl. 1981 II, S. 368-371.

BFH-Urteil vom 23.11.1988, II R 209/82, BStBl. 1989 II, S. 82-84.

BFH-Urteil vom 23.6.1993, I R 72/92, BStBl. 1993 II, S. 801-804.

BFH-Urteil vom 17.5.1995, I R 147/93, BStBl. 1996 II, S. 204-206.

BFH-Urteil vom 17.6.1999, III R 37/98, BStBl. 1999 II, S. 600-602.

BFH-Urteil vom 9.8.2000, I R 12/99, BStBl. 2001 II, S. 140-142.

BFH-Urteil vom 17.10.2001, I R 103/00, BStBl. 2004 II, S. 171-179.

BFH-Urteil vom 6.4.2005, I R 22/04, BFH/NV 2005, S. 1719-1722.

FG des Saarlandes, Urteil vom 18.12.1996, 1 K 257/94, EFG 1997, S. 485-487.

b) Verwaltungsanweisungen des BMF

BMF-Schreiben vom 23.2.1983, IV C 5 – S 1341 – 4/83, BStBl. 1983 I, S. 218-233.

BMF-Schreiben vom 30.12.1999, IV B 4 – S 1341 – 14/99, BStBl. 1999 I, S. 1122-1126.

BMF-Schreiben vom 12.4.2005, IV B 4 – S 1341 – 1/05, BStBl. 2005 I, S. 570-599.

BMF-Schreiben vom 5.10.2006, IV B 4 – S 1341 – 38/06, BStBl. 2006 I, S. 594-603.

c) Veröffentlichungen des IRS

DEPARTMENT OF THE TREASURY/IRS: REG-146893-02/REG-115037-00, abgedruckt in: TMTR 2003, Vol. 12, No. 9, S. 363-398.

DEPARTMENT OF THE TREASURY/IRS: REG-144615-02, abgedruckt in: TMTR 2005, Vol. 14, No. 9, S. 339-385.

IRS: Technical Advice Memorandum vom 24.09.1987, Letter Ruling 8806002, abrufbar unter http://www.legalbitstream.com. Da sich die genaue Adresse in unregelmäßigen Abständen ändert, ist unter der angegebenen Adresse unter der Rubrik „All IRS Materials" der Suchausdruck „8806002" einzugeben.

IRS: IRS APA Report 2005 (Announcement and Report Concerning Advance Pricing Agreements vom 31.3.2006), abrufbar unter http://www.irs.gov/pub/irs-apa/a-06-22.pdf.

IRS: Announcement 2006-50 vom 31.7.2006, abgedruckt in: TMTR 2006, Vol. 15, No. 7, S. 214-217.

IRS: Notice 2007-5 vom 21.12.2006, abgedruckt in: TMTR 2007, Vol. 15, No. 17, S. 657-659.

IRS: Rev. Proc. 2007-13 vom 21.12.2006, abgedruckt in TMTR 2007, Vol. 15, No. 17, S. 660-663

DEPARTMENT OF THE TREASURY/IRS (Hrsg.): Sec. 482 Temporary Regulations, T. D. 9278, abgedruckt in: TMTR 2006, Vol. 15, No. 7, S. 217-266.

DEPARTMENT OF THE TREASURY/IRS (Hrsg.): Sec. 482 Treasury Regulations, abrufbar unter http://rsw.beck.de/rsw/upload/StRPortal/Anhang_5_1_1.doc.

d) Sonstige Quellen

EUROPÄISCHE KOMMISSION: Mitteilung der Kommission an den Rat, das Europäische Parlament und den Europäischen Wirtschafts- und Sozialausschuss über die Tätigkeit des Gemeinsamen EU-Verrechnungspreisforums im Bereich der Streitvermeidungs- und Streitbeilegungsverfahren und über Leitlinien für Verrechnungspreiszusagen in der EU, KOM 2007 (71), abrufbar unter http://ec.europa.eu/taxation_customs/resources/documents/taxation/company_tax/transfer_pricing/COM(2007)71_de.pdf.

OECD (Hrsg.): OECD-MA 2005, in: DEBATIN, HELMUT/WASSERMEYER, FRANZ (Hrsg.): Doppelbesteuerung, Band 1.

UNCTAD (Hrsg.): World Investment Report 1995, New York/Genf 1995.

UNCTAD (Hrsg.): World Investment Report 2005, New York/Genf 2005.

AUSGEWÄHLTE VERÖFFENTLICHUNGEN

EUL VERLAG

EINZELSCHRIFTEN

Jörn-Axel Meyer (Hrsg.)
Kleine und mittlere Unternehmen in neuen Märkten – Aufbruch und Wachstum – Jahrbuch der KMU-Forschung und -Praxis 2006
Lohmar – Köln 2006 • 482 S. • € 65,- (D) • ISBN 3-89936-479-1

Thomas Krupp
Benchmarking als Controlling-Instrument für die Kontraktlogistik – Prozessbenchmarking für Logistikdienstleister am Beispiel von Lagerdienstleistungen
Lohmar – Köln 2006 • 268 S. • € 47,- (D)
ISBN-13: 978-3-89936-487-3 • ISBN-10: 3-89936-487-2

Winfried Zapp (Hrsg.)
Ökonomische Analysen in der Stationären Altenhilfe
Lohmar – Köln 2006 • 282 S. • € 48,- (D)
ISBN-13: 978-3-89936-496-5 • ISBN-10: 3-89936-496-1

Detlef Hellenkamp
Bankvertrieb – Privatkundengeschäft der Kreditinstitute im Wandel
Lohmar – Köln 2006 • 336 S. • € 53,- (D)
ISBN-13: 978-3-89936-499-6 • ISBN-10: 3-89936-499-6

Tobias Grünberg
Die obligatorische Verlustanzeige
Lohmar – Köln 2006 • 316 S. • € 52,- (D)
ISBN-13: 978-3-89936-501-6 • ISBN-10: 3-89936-501-1

Herbert Strunz
Management im militärischen Bereich
Lohmar – Köln 2006 • 128 S. • € 36,- (D)
ISBN-13: 978-3-89936-505-4 • ISBN-10: 3-89936-505-4

HLB Dr. Stückmann und Partner
Unter Leitung von Benedikt Kastrup
Jahresabschlussprüfung und Steuerberatung für den Mittelstand – Festschrift für Dr. Ulrich Hüttemann anlässlich seines 65. Geburtstages
Lohmar – Köln 2006 • 448 S. • € 64,- (D)
ISBN-13: 978-3-89936-513-9 • ISBN-10: 3-89936-513-5

Helmut Krcmar, Claus Rautenstrauch, Holger Wittges und Heino Schrader (Hrsg.)
Wirtschaftsinformatik-Ausbildung mit SAP®-Software – Reader zum Track der Multikonferenz Wirtschaftsinformatik 2006 in Passau
Lohmar – Köln 2006 • 278 S. • € 48,- (D)
ISBN-13: 978-3-89936-514-6 • ISBN-10: 3-89936-514-3

Hans J. Oppelland (Hrsg.)
Deutschland und seine Zukunft – Innovation und Veränderung in Bildung, Forschung und Wirtschaft – Festschrift zum 75. Geburtstag von Prof. Dr. Dr. h. c. Norbert Szyperski
Lohmar – Köln 2006 • 800 S. • € 89,- (D)
ISBN-13: 978-3-89936-515-3 • ISBN-10: 3-89936-515-1

Philipp Goos
Strategisches Innovationsmanagement in fokalen Unternehmensnetzwerken – Gestaltung von Instrumenten
Lohmar – Köln 2006 • 248 S. • € 46,- (D)
ISBN-13: 978-3-89936-521-4 • ISBN-10: 3-89936-521-6

Leonhardt Wohlschlager
Informationssysteme für das Kundenbindungsmanagement in der Versicherungswirtschaft
Lohmar – Köln 2006 • 612 S. • € 72,- (D)
ISBN-13: 978-3-89936-526-9 • ISBN-10: 3-89936-526-7

Stefan Rutz
Die Einführung von Diagnosis Related Groups in Deutschland – Interessen – Anreize – Erste Ergebnisse
Lohmar – Köln 2006 • 432 S. • € 58,- (D)
ISBN-13: 978-3-89936-534-4 • ISBN-10: 3-89936-534-8

Oliver Serg
Optimierung der Konzernsteuerquote durch internationale Funktionsverlagerungen
Lohmar – Köln 2006 • 402 S. • € 56,- (D)
ISBN-13: 978-3-89936-540-5 • ISBN-10: 3-89936-540-2

Steffen Helmut Hütter
Beschaffungskosten und eProcurement – Kostensenkung durch materialdifferenzierte Verfahren
Lohmar – Köln 2007 • 280 S. • € 48,- (D) • ISBN 978-3-89936-549-8

Eva Scheffczyk
Untersuchung der rechtlichen Überschuldung bei der Jahresabschlussprüfung im Rahmen der Going-Concern-Annahme
Lohmar – Köln 2007 • 350 S. • € 54,- (D) • ISBN 978-3-89936-555-9

Jan-Velten Große
Die Problematik des Hedge Accounting nach IAS 39 – Problemdiskussion und Lösungsansätze zur Entbehrlichkeit des Hedge Accounting unter Beibehaltung der gemischten Bewertung
Lohmar – Köln 2007 • 260 S. • € 47,- (D) • ISBN 978-3-89936-556-6

Birgit Botterweck
Makroökonomische Faktoren im internen Rating – Eine empirische Untersuchung zur Überprüfung der Unternehmensbonität
Lohmar – Köln 2007 • 358 S. • € 54,- (D) • ISBN 978-3-89936-557-3

Tanja Daniela Klink
Entwicklung eines Governance Modells für Nonprofit-Krankenhäuser
Lohmar – Köln 2007 ◆ 288 S. ◆ € 48,- (D) ◆ ISBN 978-3-89936-562-7

Hendrik Jacobsen
Die Methodik steuerlicher Gestaltungssuche
Lohmar – Köln 2007 ◆ 140 S. ◆ € 38,- (D) ◆ ISBN 978-3-89936-563-4

Thorsten Giesa
Bestimmung relativer Wichtigkeiten in der Kundenzufriedenheitsmessung – Eine empirische Untersuchung unter Berücksichtigung segmentspezifischer Unterschiede
Lohmar – Köln 2007 ◆ 256 S. ◆ € 49,- (D) ◆ ISBN 978-3-89936-564-1

Rüdiger Schmidt
Ausweis von Marken im Abschluss nach IFRS
Lohmar – Köln 2007 ◆ 354 S. ◆ € 54,- (D) ◆ ISBN 978-3-89936-566-5

Öner Güngöz
Modellgestütztes Rahmenwerk für das Management von komplexen und schwach-strukturierten Verwaltungsprozessen
Lohmar – Köln 2007 ◆ 564 S. ◆ € 66,- (D) ◆ ISBN 978-3-89936-576-4

Jörn-Axel Meyer (Hrsg.)
Planung in kleinen und mittleren Unternehmen – Jahrbuch der KMU-Forschung und -Praxis 2007
Lohmar – Köln 2007 ◆ 554 S. ◆ € 69,- (D) ◆ ISBN 978-3-89936-578-8

Thomas Albrecht
Wertorientiertes Umweltmanagement – Der Beitrag des Öko-Controlling
Lohmar – Köln 2007 ◆ 406 S. ◆ € 56,- (D) ◆ ISBN 978-3-89936-583-2

Wolfgang Chr. Fischer and Kenneth K. Mwenda (Editors)
Country of Origin – A Law and Economics Approach to the Concept of *Made in Australia*
Lohmar – Köln 2007 ◆ 154 S. ◆ € 42,- (D) ◆ ISBN 978-3-89936-585-6

Oliver Henniges
Die Bioethanolproduktion – Wettbewerbsfähigkeit in Deutschland unter Berücksichtigung der internationalen Konkurrenz
2. Auflage
Lohmar – Köln 2007 ◆ 340 S. ◆ € 79,- (D) ◆ ISBN 978-3-89936-586-3

Sergio Rojas Rodriguez
Komplexitätsmanagement bei der Erschließung neuer Beschaffungsmärkte am Beispiel der Gestaltung des chinesischen Liefernetzwerkes des Volkswagen-Konzerns
Lohmar – Köln 2007 ◆ 386 S. ◆ € 50,- (D) ◆ ISBN 978-3-89936-594-8

Christian Botta
Rahmenkonzept zur Entwicklung von Product-Service Systems – Product-Service Systems Engineering
Lohmar – Köln 2007 ◆ 236 S. ◆ € 46,- (D) ◆ ISBN 978-3-89936-596-2

Florian Dressler
Wettbewerbsfähigkeit von Luft-Schiene-Kooperationen zur Substitution von Zubringerflügen – Eine empirische Untersuchung des Passagierwahlverhaltens
Lohmar – Köln 2007 ◆ 400 S. ◆ € 56,- (D) ◆ ISBN 978-3-89936-602-0

Lutz Dziarnowski und Stephan Schütze (Hrsg.)
Erfolgsfaktor Arbeitsklima – Vergleichende Analysen und empirische Ansätze
Lohmar – Köln 2007 ◆ 194 S. ◆ € 44,- (D) ◆ ISBN 978-3-89936-608-2

Lars Johannes Gerdes
Organisierte Kriminalität und regionale Konflikte – Die Organisierte Kriminalität in Deutschland zur Zeit der Konflikte im ehemaligen Jugoslawien
Lohmar – Köln 2007 ◆ 302 S. ◆ € 49,- (D) ◆ ISBN 978-3-89936-622-8

Heike Ciesielski
Die Balanced Scorecard beim Führungswechsel in kmU
Lohmar – Köln 2007 ◆ 208 S. ◆ € 44,- (D) ◆ ISBN 978-3-89936-623-5

Cordula Gotthardt
Innovationsmanagement in der deutschen Luftfahrtindustrie unter dem Einfluss europäischer und deutscher Innovationspolitik
Lohmar – Köln 2007 ◆ 264 S. ◆ € 47,- (D) ◆ ISBN 978-3-89936-630-3

Michael Hüning
Kongruenzprinzip und Rechnungslegung von Sachanlagen nach IFRS
Lohmar – Köln 2007 ◆ 304 S. ◆ € 49,- (D) ◆ ISBN 978-3-89936-632-7

Jens-Ingmar Rauscher
Unternehmensakquisitionen am Neuen Markt – Eine empirische Untersuchung von Kursreaktionen auf Akquisitionsankündigungen
Lohmar – Köln 2007 ◆ 302 S. ◆ € 49,- (D) ◆ ISBN 978-3-89936-633-4

Nils Moch
Liquiditätsrisikomanagement in Kreditinstituten – Eine kritische Analyse des Status quo in kleineren Kreditinstituten unter Berücksichtigung regulativer und betriebswirtschaftlicher Anforderungen
Lohmar – Köln 2007 ◆ 186 S. ◆ € 43,- (D) ◆ ISBN 978-3-89936-635-8

Bernd Fleischer
Der Microsoft-Fall in den USA
Lohmar – Köln 2007 ◆ 196 S. ◆ € 44,- (D) ◆ ISBN 978-3-89936-636-5

Marco Jakobi
Aktienrechtliches und übernahmerechtliches Squeeze-out – Ein Vergleich mit der übertragenden Auflösung und der Eingliederung durch Mehrheitsbeschluss
Lohmar – Köln 2008 ◆ 324 S. ◆ € 52,- (D) ◆ ISBN 978-3-89936-642-6

Roland Engelhart
Absatzmarketing in der Immobilienwirtschaft
Lohmar – Köln 2008 ◆ 102 S. ◆ € 33,- (D) ◆ ISBN 978-3-89936-652-5

Jan-Peter Firnges
Performance von Zinsderivaten
Lohmar – Köln 2008 • 194 S. • € 44,- (D) • ISBN 978-3-89936-669-3

Harald F. O. von Kortzfleisch und Oliver Bohl (Hrsg.)
Wissen, Vernetzung, Virtualisierung – Liber amicorum zum 65. Geburtstag von Univ.-Prof. Dr. Udo Winand
Lohmar – Köln 2008 • 594 S. • € 98,- (D) • ISBN 978-3-89936-674-7

Jörn-Axel Meyer (Hrsg.)
Management-Kompetenz in kleinen und mittleren Unternehmen – Jahrbuch der KMU-Forschung und -Praxis 2008
Lohmar – Köln 2008 • 382 S. • € 69,- (D) • ISBN 978-3-89936-680-8

Matthias Korff
Verrechnungspreise für konzerninterne Dienstleistungen aus Sicht Deutschlands und der USA
Lohmar – Köln 2008 • 136 S. • € 38,- (D) • ISBN 978-3-89936-685-3

Weitere Schriftenreihen:

UNIVERSITÄTS-SCHRIFTENREIHEN

- Reihe: Steuer, Wirtschaft und Recht
Herausgegeben von vBP StB Prof. Dr. Johannes Georg Bischoff, Wuppertal, Dr. Alfred Kellermann, Vorsitzender Richter (a. D.) am BGH, Karlsruhe, Prof. (em.) Dr. Günter Sieben, Köln, und WP StB Prof. Dr. Norbert Herzig, Köln

- Reihe: Rechnungslegung und Wirtschaftsprüfung
Herausgegeben von Prof. (em.) Dr. Dr. h. c. Jörg Baetge, Münster, Prof. Dr. Hans-Jürgen Kirsch, Münster, und Prof. Dr. Stefan Thiele, Wuppertal

- Reihe: Informationsmanagement und Unternehmensführung – Schriften des IMU, Universität Osnabrück
Herausgegeben von Prof. Dr. Uwe Hoppe, Prof. Dr. Bodo Rieger, Prof. Dr. Frank Teuteberg und Prof. Dr. Thomas Witte

- Reihe: Controlling
Herausgegeben von Prof. Dr. Volker Lingnau, Kaiserslautern, und Prof. Dr. Albrecht Becker, Innsbruck

- Reihe: Planung, Organisation und Unternehmungsführung
Herausgegeben von Prof. Dr. Dr. h. c. Norbert Szyperski, Köln, Prof. Dr. Winfried Matthes, Wuppertal, Prof. Dr. Udo Winand, Kassel, Prof. (em.) Dr. Joachim Griese, Bern, Prof. Dr. Harald von Kortzfleisch, Koblenz, Prof. Dr. Ludwig Theuvsen, Göttingen, und Prof. Dr. Andreas Al-Laham, Kaiserslautern

- Reihe: Corporate Life Cycle Management
Herausgegeben von Prof. Dr. Klaus Nathusius

- Reihe: Wirtschaftsinformatik
Herausgegeben von Prof. Dr. Dietrich Seibt, Köln, Prof. Dr. Hans-Georg Kemper, Stuttgart, Prof. Dr. Georg Herzwurm, Stuttgart, Prof. Dr. Dirk Stelzer, Ilmenau, und Prof. Dr. Detlef Schoder, Köln

- Reihe: Schriften zu Kooperations- und Mediensystemen
Herausgegeben von Prof. Dr. Volker Wulf, Siegen, Prof. Dr. Jörg Haake, Hagen, Prof. Dr. Thomas Herrmann, Bochum, Prof. Dr. Helmut Krcmar, München, Prof. Dr. Johann Schlichter, München, Prof. Dr. Gerhard Schwabe, Zürich, und Prof. Dr.-Ing. Jürgen Ziegler, Duisburg

- Reihe: Telekommunikation @ Medienwirtschaft
Herausgegeben von Prof. Dr. Dr. h. c. Norbert Szyperski, Köln, Prof. Dr. Udo Winand, Kassel, Prof. Dr. Dietrich Seibt, Köln, Prof. Dr. Rainer Kuhlen, Konstanz, Dr. Rudolf Pospischil, Bonn, Prof. Dr. Claudia Löbbecke, Köln, und Prof. Dr. Christoph Zacharias, Köln

- Reihe: Electronic Commerce
Herausgegeben von Prof. Dr. Dr. h. c. Norbert Szyperski, Köln, Prof. Dr. Beat F. Schmid, St. Gallen, Prof. Dr. Dr. h. c. August-Wilhelm Scheer, Saarbrücken, Prof. Dr. Günther Pernul, Regensburg, Prof. Dr. Stefan Klein, Münster, Prof. Dr. Detlef Schoder, Köln, und Prof. Dr. Tobias Kollmann, Essen

- Reihe: E-Learning
Herausgegeben von Prof. Dr. Dietrich Seibt, Köln, Prof. Dr. Freimut Bodendorf, Nürnberg, Prof. Dr. Dieter Euler, St. Gallen, und Prof. Dr. Udo Winand, Kassel

- Reihe: InterScience Reports
Herausgegeben von Prof. Dr. Dr. h. c. Norbert Szyperski, Köln, Prof. Dr. Harald F. O. von Kortzfleisch, Koblenz, und Prof. Dr. Dietrich Seibt, Köln

- Reihe: FGF Entrepreneurship-Research Monographien
Herausgegeben von Prof. Dr. Heinz Klandt, Oestrich-Winkel, Prof. Dr. Dr. h. c. Norbert Szyperski, Köln, Prof. Dr. Michael Frese, Gießen, Prof. Dr. Josef Brüderl, Mannheim, Prof. Dr. Rolf Sternberg, Hannover, Prof. Dr. Ulrich Braukmann, Wuppertal, und Prof. Dr. Lambert T. Koch, Wuppertal

- Reihe: Venture Capital und Investment Banking, Neue Folge
Herausgegeben von Prof. Dr. Klaus Nathusius

- **Reihe: Technologiemanagement, Innovation und Beratung**
  Herausgegeben von Prof. Dr. Dr. h. c. Norbert Szyperski, Köln, vBP StB Prof. Dr. Johannes Georg Bischoff, Wuppertal, und Prof. Dr. Heinz Klandt, Oestrich-Winkel
- **Reihe: Kleine und mittlere Unternehmen**
  Herausgegeben von Prof. Dr. Jörn-Axel Meyer, Flensburg
- **Reihe: Wissenschafts- und Hochschulmanagement**
  Herausgegeben von Prof. Dr. Detlef Müller-Böling, Gütersloh, und Prof. Dr. Reinhard Schulte, Lüneburg
- **Reihe: Personal, Organisation und Arbeitsbeziehungen**
  Herausgegeben von Prof. Dr. Fred G. Becker, Bielefeld, und Prof. Dr. Walter A. Oechsler, Mannheim
- **Reihe: Forum Finanzwissenschaft und Public Management**
  Herausgegeben von Prof. Dr. Kurt Reding, Kassel, und PD Dr. Walter Müller, Kassel
- **Reihe: Finanzierung, Kapitalmarkt und Banken**
  Herausgegeben von Prof. Dr. Hermann Locarek-Junge, Dresden, Prof. Dr. Klaus Röder, Regensburg, und Prof. Dr. Mark Wahrenburg, Frankfurt
- **Reihe: Marketing**
  Herausgegeben von Prof. Dr. Heribert Gierl, Augsburg, Prof. Dr. Roland Helm, Jena, Prof. Dr. Frank Huber, Mainz, und Prof. Dr. Henrik Sattler, Hamburg
- **Reihe: Marketing, Handel und Management**
  Herausgegeben von Prof. Dr. Rainer Olbrich, Hagen
- **Reihe: Kundenorientierte Unternehmensführung**
  Herausgegeben von Prof. Dr. Hendrik Schröder, Essen
- **Reihe: Agrarökonomie**
  Herausgegeben von Prof. Dr. Achim Spiller, Göttingen, und Prof. Dr. Ludwig Theuvsen, Göttingen
- **Reihe: Produktionswirtschaft und Industriebetriebslehre**
  Herausgegeben von Prof. Dr. Jörg Schlüchtermann, Bayreuth
- **Reihe: Europäische Wirtschaft**
  Herausgegeben von Prof. Dr. Winfried Matthes, Wuppertal
- **Reihe: Katallaktik – Quantitative Modellierung menschlicher Interaktionen auf Märkten**
  Herausgegeben von Prof. Dr. Otto Loistl, Wien, und Prof. Dr. Markus Rudolf, Koblenz
- **Reihe: Quantitative Ökonomie**
  Herausgegeben von Prof. Dr. Eckart Bomsdorf, Köln, Prof. Dr. Wim Kösters, Bochum, und Prof. Dr. Winfried Matthes, Wuppertal
- **Reihe: Internationale Wirtschaft**
  Herausgegeben von Prof. Dr. Manfred Borchert, Münster, Prof. Dr. Gustav Dieckheuer, Münster, und Prof. Dr. Paul J. J. Welfens, Wuppertal
- **Schriftenreihe des Europäischen Instituts für Internationale Wirtschaftsbeziehungen**
  Herausgegeben von Prof. Dr. Wilfried Fuhrmann, Potsdam, und Prof. Dr. Paul J. J. Welfens, Wuppertal
- **Reihe: Industrieökonomik**
  Herausgegeben von Prof. Dr. Frank C. Englmann, Stuttgart, Prof. Dr. Mathias Erlei, Clausthal, Prof. Dr. Ulrich Schwalbe, Hohenheim, und Prof. Dr. Bernd Woeckener, Stuttgart
- **Reihe: Studien zur Dynamik der Wirtschaftsstruktur**
  Herausgegeben von Prof. Dr. Heinz Grossekettler, Münster
- **Reihe: Versicherungswirtschaft**
  Herausgegeben von Prof. (em.) Dr. Dieter Farny, Köln, und Prof. Dr. Heinrich R. Schradin, Köln

- Reihe: Wirtschaftsgeographie und Wirtschaftsgeschichte
Herausgegeben von Prof. Dr. Ewald Gläßer, Köln, Prof. Dr. Josef Nipper, Köln, Dr. Martin W. Schmied, Köln, und Prof. Dr. Günther Schulz, Bonn

- Reihe: Wirtschafts- und Sozialordnung: FRANZ-BÖHM-KOLLEG – Vorträge und Essays
Herausgegeben von Prof. Dr. Bodo B. Gemper, Siegen

- Reihe: WISO-Studientexte
Herausgegeben von Prof. Dr. Eckart Bomsdorf, Köln, und Prof. (em.) Dr. Dr. h. c. Dr. h. c. Josef Kloock, Köln

- Reihe: Europäisches Wirtschaftsrecht – Jean-Monnet-Schriftenreihe
Herausgegeben von Prof. Dr. Dieter Krimphove, Paderborn

- Reihe: Rechtswissenschaft

FACHHOCHSCHUL-SCHRIFTENREIHEN

- Reihe: Lehr- und Studienbücher der Wirtschaftswissenschaft
Herausgegeben von Prof. Dr. Erik Gawel, Frankfurt am Main, Prof. Dr. Kilian Bizer, Göttingen, Prof. Dr. Wiebke Störmann, Schmalkalden, und Prof. Dr. Thomas Wagner, Nürnberg

- Reihe: Institut für betriebliche Datenverarbeitung (IBD) e. V. im Forschungsschwerpunkt Informationsmanagement für KMU
Herausgegeben von Prof. Dr. Felicitas Albers, Düsseldorf

- Reihe: FH-Schriften zu Marketing und IT
Herausgegeben von Prof. Dr. Doris Kortus-Schultes, Mönchengladbach, und Prof. Dr. Frank Victor, Gummersbach

- Reihe: Marketing-Praxis – Schriften des Instituts für kreatives Marketing
Herausgegeben von Prof. Dr. Jochem Müller, Ansbach

- Reihe: Medienmanagement
Herausgegeben von Prof. Dr. Thomas Breyer-Mayländer, Offenburg

- Reihe: FuturE-Business
Herausgegeben von Prof. Dr. Michael Müßig, Würzburg-Schweinfurt

- Reihe: Controlling-Forum – Wege zum Erfolg
Herausgegeben von Prof. Dr. Jochem Müller, Ansbach

- Reihe: Unternehmensführung und Controlling in der Praxis
Herausgegeben von Prof. Dr. Thomas Rautenstrauch, Bielefeld

- Reihe: Economy and Labour
Herausgegeben von EUR ING Prof. Dr.-Ing. Hans-Georg Nollau MBCS, Regensburg

- Reihe: Institut für Regionale Innovationsforschung (IRI)
Herausgegeben von Prof. Dr. Rainer Voß, Wildau

- Reihe: Interkulturelles Medienmanagement
Herausgegeben von Prof. Dr. Edda Pulst, Gelsenkirchen

PRAKTIKER-SCHRIFTENREIHEN

- Reihe: Transparenz im Versicherungsmarkt
Herausgegeben von *ASSEKURATA* GmbH, Köln

- Reihe: Betriebliche Praxis
Herausgegeben von vBP StB Prof. Dr. Johannes Georg Bischoff, Wuppertal

- Reihe: Regulierungsrecht und Regulierungsökonomie
Herausgegeben von JUCONOMY Consulting AG, Düsseldorf